電気エネルギー工学

発電から送配電まで

新装版

八坂 保能 編著

森北出版株式会社

● 本書のサポート情報を当社Webサイトに掲載する場合があります．下記のURLにアクセスし，サポートの案内をご覧ください．

https://www.morikita.co.jp/support/

● 本書の内容に関するご質問は，森北出版 出版部「(書名を明記)」係宛に書面にて，もしくは下記のe-mailアドレスまでお願いします．なお，電話でのご質問には応じかねますので，あらかじめご了承ください．

editor@morikita.co.jp

● 本書により得られた情報の使用から生じるいかなる損害についても，当社および本書の著者は責任を負わないものとします．

■ 本書に記載している製品名，商標および登録商標は，各権利者に帰属します．

■ 本書を無断で複写複製（電子化を含む）することは，著作権法上での例外を除き，禁じられています．複写される場合は，そのつど事前に（一社）出版者著作権管理機構（電話03-5244-5088, FAX03-5244-5089, e-mail：info@jcopy.or.jp）の許諾を得てください．また本書を代行業者等の第三者に依頼してスキャンやデジタル化することは，たとえ個人や家庭内での利用であっても一切認められておりません．

新装版まえがき

　本書の第 1 版第 1 刷が発行されてから 10 年近くとなり，その間の電気エネルギー分野の展開に合わせて本書を改訂し，新装版を発行することになりました．新装版では，もとより本書の特徴である基礎学理を踏まえた丁寧な解説はそのままに，以下の変更を加えました．

　各領域で，数値の単位として広く SI 単位系が普及してきたことに合わせて，第 1 章の一部を除く本文中では SI 単位および SI 併用単位に統一して記述するようにしました．

　第 1 章中の統計データを更新するとともに，地球温暖化防止に関する新しい動きや，各国の近年の発電方式の特徴に言及しました．

　第 9 章では，原子力発電関連事項や次世代自動車に関する事項について加筆しました．

　新装版ではさらに，見出しスタイルやレイアウトなどを一新して一層読みやすく使いやすい体裁となっています．

　終わりに，新装版の刊行にあたり，有意義なご指摘をしていただいた森北出版（株）の編集関係者に感謝いたします．

　2017 年 1 月

編著者

はじめに

　本書は，電気電子工学の分野で電力工学，電気エネルギー工学，エネルギー変換工学，発電・送電・配電工学などを学ぼうとしている大学，高等専門学校の学生，あるいは社会で活躍中であり，これらの学問を基礎から学びなおしたいという人のために，教科書として執筆されたものです．

　大学の電気関係学科では，極めて多岐に広がった電気関係分野に対応するために科目数が増大し，一つの分野に充てられる時間は削減を余儀なくされているのが実情です．しかも削減対象としては，電力工学や電気機器といった旧来の科目が目立っています．

では，電力工学などは，他の学問分野のようには発展していないのでしょうか．決してそのようなことはありません．燃料電池や超電導機器など，化学や固体物性工学などの領域まで取り込んで，拡大発展を続けているのです．しかも，十分成熟した電気エネルギーの発生・輸送システム技術でさえも，環境問題とりわけ地球温暖化防止という，人類の未来を左右する課題にとりくむ必要があり，一層の革新的な技術開発が望まれる分野なのです．

このようにみてくると，従来からの「電力工学」の科目を想定した教科書は，現在の状況に必ずしも十分適合しているとはいえないと思われます．また，新しい領域の内容を盛り込むために，表面的知識のみを与え，基礎学理を省略するような記述は，読者の今後の応用力や革新的着想の助けにはならないと想像されます．

著者らは，神戸大学工学部電気電子工学科において，電力工学の講義を担当してきましたが，その内容をもとにして，上記の注意点に配慮しながら新たに執筆したものが本書です．この分野の新しいトピックを多く取り込む一方で，基礎知識が十分身につくように基礎事項を丁寧に記述しました．とくに，従来にも増して必要性が高まっている環境保全，省エネルギー技術や，国際協力のもとでの推進が本格化した核融合発電開発などについては，記述を詳しくしました．

つまり本書では，電力工学の内容を電磁気学，熱力学などの学問体系の基本から出発して論理的に解説するとともに，電気や磁気エネルギーの応用に関する新しい課題を多く取り上げています．本書のタイトルの「電気エネルギー工学」には，このような意味を込めています．また，本文中の重要語を示す太字は電気主任技術者試験（電験）Ⅲ種電力分野の問題中のキーワードを含むように，そして，例題や演習問題には電験Ⅲ種の問題や同程度のものを多く取り上げ，受験者のガイドとなるようにも工夫しました．

本書が，電気エネルギー工学の新しい展開に向けて力を発揮していただける若いエンジニアが育つための，ささやかな一助になればと祈念するものであります．

本書では，多くの優れた成書の内容を引用させていただいており，それらの文献を巻末にまとめるとともに，ここに感謝の意を表します．

また，関西電力(株)および(株)きんでんからは多くの写真や資料の提供をいただき，さらに有益な助言もいただいたことに深く感謝いたします．また，大阪ガス(株)，中部電力(株)からも同様に提供いただき，感謝いたします．本文中の図やイラストの原図作成，演習問題作成には，京都大学文学学士四ッ谷純子氏，神戸大学大学院工学研究科中本聡助手，神戸大学大学院博士前期課程辻晃弘君，面屋大輔君の協力を得ました．最後になりましたが，本書の出版の機会を与えていただきました石井智也氏，青木玄氏ほか森北出版(株)の皆様に謝意を表します．

2008年4月

編著者

もくじ

- 第1章 電気エネルギーの発生と利用 ·················· 1
  - 1.1 エネルギー，仕事，パワー，電力　*1*
  - 1.2 エネルギー資源　*4*
  - 1.3 エネルギーの消費と地球環境　*7*
  - 1.4 電気エネルギーの発生　*9*
  - 1.5 電気エネルギーシステム　*14*
  - 演習問題1　*17*

- 第2章 現用発電方式 ··· 18
  - 2.1 水力発電　*18*
  - 2.2 火力発電　*33*
  - 2.3 原子力発電　*53*
  - 2.4 発電用電気機器　*68*
  - 演習問題2　*77*

- 第3章 再生可能エネルギーによる発電 ·················· 79
  - 3.1 太陽光発電　*79*
  - 3.2 風力発電　*84*
  - 3.3 波力，潮汐発電と海洋温度差発電　*88*
  - 3.4 その他の発電　*89*
  - 演習問題3　*90*

- 第4章 次世代発電方式 ··· 91
  - 4.1 燃料電池　*91*
  - 4.2 MHD発電　*97*
  - 4.3 核融合の基礎　*99*
  - 4.4 核融合発電　*104*
  - 演習問題4　*108*

第5章　エネルギー貯蔵　109

5.1　貯蔵の必要性と方式　　109
5.2　電　池　　111
5.3　フライホイール　　113
5.4　キャパシタ　　113
5.5　超電導コイル　　114
演習問題5　　118

第6章　電力輸送と変電　119

6.1　電気エネルギーシステム　　119
6.2　変電所　　123
6.3　変換所　　132
演習問題6　　133

第7章　送電とその安定性　135

7.1　送配電系統の構成　　135
7.2　送電方式　　135
7.3　送配電設備　　137
7.4　伝送特性　　142
7.5　安定性　　154
7.6　故障計算　　159
7.7　電気エネルギーシステムの経済的運用　　165
演習問題7　　169

第8章　配　電　171

8.1　配電方式　　171
8.2　電圧変動　　174
8.3　経済性　　174
8.4　配電設備の運用と利用　　177
演習問題8　　178

第9章　エネルギーの効率的供給と利用　181

9.1　現用システムの改良と環境対策　　181

9.2 分散型電源とコージェネレーション　185
9.3 ヒートポンプ　187
9.4 次世代自動車と電車　188
9.5 スマートグリッド，スマートコミュニティ　191
演習問題9　191

引用・参考文献 …………………………………………… 192
演習問題解答 ……………………………………………… 193
さくいん …………………………………………………… 209

主な物理量の値

物理量	記号	値
電子の電荷の大きさ	e	1.602×10^{-19} C
電子の質量		9.109×10^{-31} kg
陽子の質量		1.673×10^{-27} kg
ボルツマン定数	k_B	1.381×10^{-23} J/K
プランク定数	h	6.626×10^{-34} J·s
ファラデー定数	F	9.648×10^4 C/mol
光の速さ $(c=1/\sqrt{\varepsilon_0\mu_0})$	c	2.998×10^8 m/s
真空の誘電率	ε_0	8.854×10^{-12} F/m
真空の透磁率	μ_0	$4\pi \times 10^{-7}$ H/m
アボガドロ数	N_A	6.022×10^{23} mol^{-1}
気体定数	R	8.314 J/(mol·K)

主な記号

記号	意味と単位	記号	意味と単位
Q	流量　m^3/s 熱量　J^* 無効電力　Var	v u, w	速度　m/s
m M	質量　kg	W	質量流量　kg/s 仕事, エネルギー　J^* 損失電力　W
A	面積　m^2 質量数	η	効率
α	加速度　m/s^2	g	重力加速度　$\sim 9.8\,m/s^2$
ρ	密度　kg/m^3 抵抗率　$\Omega \cdot m$	H	水頭, 落差　m エンタルピー　J^* 磁界　A/m
f F	力　N	f	周波数　Hz
ω	角速度, 角周波数　rad/s	N	回転速度　rpm 巻数
U	内部エネルギー　J^*	P	電力, 有効電力　W = J/s 圧力　Pa
V	体積　m^{3*} 電圧, 起電力　V	p	圧力　Pa 電力密度　W/m^3
S	エントロピー　J/K^* 複素電力　W, Var, VA	T	温度　K トルク　$N \cdot m$
C	比熱　$J/(mol \cdot K)$ キャパシタンス　F	G	ギブスの自由エネルギー　J^*
n N	粒子密度　m^{-3}	E	エネルギー　J または eV 電界　V/m 電圧, 起電力　V
σ	ミクロ断面積, 衝突断面積　m^2 導電率　S/m	λ	平均自由行程　m
k_eff	実効増倍率	ξ	エネルギー対数減衰率
Φ	磁束　Wb	B	磁束密度　$T = Wb/m^2$
I	電流　A 慣性モーメント　$kg \cdot m^2$	J	電流密度　A/m^2
L	インダクタンス　H	X, x	リアクタンス　Ω
R	気体定数　$J/(mol \cdot K)$ 抵抗　Ω 半径　m	G, g	コンダクタンス　S
Z	インピーダンス　Ω 原子番号	Y	アドミタンス　S
θ	角度　rad	ϕ	力率角　rad ポロイダル角　rad
δ	(内部) 相差角　rad		

* J/mol など他の単位を用いる場合もある.

第 1 章
電気エネルギーの発生と利用

　毎日の生活はいろいろな形でのエネルギー消費によって成り立っている．エネルギーには多くの種類があり，またそれを定量的に表現する数量と単位も様々である．本章ではまずこれらについて解説し，続いて地球上で得られるエネルギー資源について述べる．われわれが消費するエネルギーは，その大部分を石油や石炭などの化石燃料に頼っているが，近年，その消費が地球環境に与える影響が深刻になりつつある．このエネルギー問題と地球温暖化について基礎的事項を述べる．

　地球上で得られるエネルギー資源から，輸送や利用が最も便利な電気エネルギーを発生することを発電というが，その原理を述べたあと，発電方式とその特徴を述べ，電気エネルギーの発生から輸送を担う電気エネルギーシステムの説明を行い，第 2 章以降のための導入部とする．

1.1　エネルギー，仕事，パワー，電力

1.1.1　いろいろなエネルギー

　われわれは日常生活において，ガスコンロで調理するとか，自動車で出かけて，エレベータで高い階に上るとか，蛍光灯の光で読書をするなど，いろいろな形でエネルギーを使っている．すなわち，熱エネルギーを食物に与えたり，運動エネルギーや位置エネルギーを変化させたり，光のもつエネルギーを利用したりなどである．

　一般に，エネルギーとは，そのエネルギーをもつものが，ほかに対して仕事をする能力を表しており，エネルギーが高いほどなしうる仕事量は大きい．一方でエネルギーは，上記の例のように，熱エネルギー，力学的エネルギー，光エネルギーなどの様々な形態をとるが，任意のある閉じた系のもつエネルギーの値は変化しない．これをエネルギー保存の法則という．

　力学的な仕事は，あるものにおよぼす力と，それによって動かされた距離の積（ベクトルの内積）で与えられる．したがって，仕事すなわちエネルギーの単位は $[\mathrm{N\cdot m}] = [\mathrm{J}]$ である．ここで，N はニュートン (Newton)，J はジュール (Joule) と読む．仕事の量が関心事項になる場合も多いが，その仕事がどれだけの時間をかけて行われたかが重

要な場合もある．そこで，単位時間の仕事を仕事率といい，これを W（ワット (Watt)）で表す．

$$1\,\mathrm{W} = 1\,\mathrm{J/s} = 1\,\mathrm{N\cdot m/s}$$

この仕事率は，むしろパワーとよぶほうが一般的である．電気的なパワーは電力といい，本書の主要なテーマである．電力はパワーの一形態であるが，電力工学の分野では両者は同一として扱われる場合が多い．また，電気エネルギーと電力もあまり区別せず用いられている．電力は，

$$1\,\mathrm{W} = 1\,\mathrm{A} \times 1\,\mathrm{V}$$

であり，電気エネルギーあるいは電力量は，

$$1\,\mathrm{J} = 1\,\mathrm{W} \times 1\,\mathrm{s}$$

である．

1.1.2 ■ エネルギーやパワーの単位

エネルギーやパワーの単位として SI 単位を用いたが，それ以外に慣習的に使われているほかの単位もある（**図 1.1** 参照）．ガスコンロの例では，熱エネルギーはカロリー cal や kcal が使われてきており，コンロの能力の表現として，従来は $3{,}600\,\mathrm{kcal/h}$ などと書かれていた．これはパワーの値であり，1 時間あたり $3{,}600\,\mathrm{kcal}$ のエネルギーを発生できる，ということである．ここで，熱の仕事当量，

$$1\,\mathrm{cal} = 4.18\,\mathrm{J}$$

の関係を用いると，コンロのパワーは，$4.2\,\mathrm{kW}$ であり，最近ではこの kW で表記され，kcal/h は付加的に使用される．

自動車の例では，エンジンの能力をパワーで表す際に，馬力 [PS] を用いる場合がある．ここで，PS は馬力を意味するドイツ語 Pferdestärke の頭文字である．馬力とワットの関係は，

$$1\,\mathrm{PS} = 735.5\,\mathrm{W}$$

である．高性能セダンのエンジンの仕様として，たとえば $232\,\mathrm{kW}$ と $315\,\mathrm{PS}$ が併記されている．

家庭では，電化製品を使用して電気エネルギーを消費しているが，その使用料金を算定する場合に用いられる電力量はワット時 [Wh] を単位とする．

$$1\,\mathrm{Wh} = 1\,\mathrm{W} \times 3{,}600\,\mathrm{s} = 3{,}600\,\mathrm{J}$$

であり，これは 1 W のパワーを 1 時間使い続けたときのエネルギーである．

さらに，報道などで，10 メガトンの核弾頭を搭載可能なミサイル，などの表現が出てくることがある．メガトン，つまり Mt はもちろん質量の単位であるが，この場合は核弾頭が爆発したときにどれだけの質量の TNT 火薬に相当するエネルギーを出すか，を表している．TNT 火薬 1 g は，爆発すると約 1 kcal のエネルギーを放出するとされているので，10 Mt は，4.2×10^{16} J の爆発的エネルギーを出すことになる．

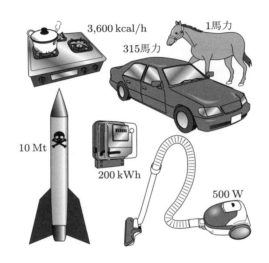

図 1.1　いろいろな単位

1.1.3 ■ 動物や機械のパワー

さて，このような機械ではなく人間や動物は，どれだけのパワーを出せるのであろうか．まず，馬の出力は，そもそもの単位の由来どおり 1 馬力程度，すなわち約 735 W である．これは定常的に出せるパワーであり，瞬発的にはもっと大きなパワー能力がある．体重 50 kg の人が，100 m を 10 s で走るとき，これを等加速度運動と仮定すると，平均的に 1 kW のパワーとなる．このような瞬発的な力に基づく運動は無酸素運動とよばれており，人にもよるが 1 から 2 kW 程度である．一方，持続的な力は，酸素を消費しながら行う有酸素運動（エアロビクス運動）であり，この場合のパワーは 100〜300 W であるといわれている．

いろいろな場合のパワーの目安を示したものが，図 1.2 である．図のとおり，人間や動物の持続的なパワーは 1 kW 以下であるが，18 世紀にワット (Watt) が発明した

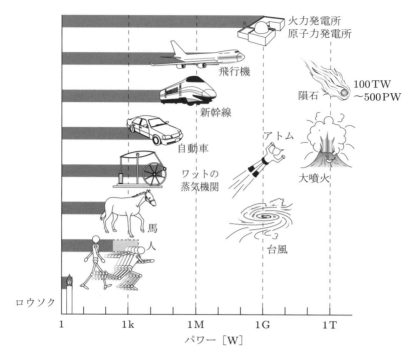

図 1.2　パワーの値の例

蒸気機関のパワーは桁違いに大きく，これを動力に用いることによりヨーロッパでの産業革命が進展した．この蒸気機関は熱エネルギーを力学的エネルギーに変換するものであり，現代の火力発電の中枢にも使用されている．また，20 世紀になると原子核反応によって熱エネルギーを取り出すことができるようになった．最初は不幸にも兵器として実現されたが，持続的に制御された熱エネルギーの取り出しによる原子力発電は，現在の電気エネルギー供給のベース部分を担っている．

1.2　エネルギー資源

1.2.1　資源の種類と分布

前節での例にあるように，われわれはいろいろなエネルギーを消費しているが，これらの源はなんであろうか．ガスコンロの燃料は天然ガスなどであり，自動車のエンジンの燃料はガソリンや軽油である．また，電力を消費する場合は，そのもととなる発電所での燃料として，火力発電の場合は石炭や石油が，原了力発電の場合はウラン

が消費される．これらの燃料は**エネルギー資源**とよばれ，地球の地殻に埋蔵されており，その埋蔵量は地域的に偏っている．石炭，石油，天然ガスは，その生成の由来から，**化石燃料** (fossil fuel) とよばれる．

表 1.1 にエネルギー資源の分布と**可採年数**を表す．石油は中東に多く，天然ガスは中東や旧ソ連に多い．石炭は比較的広く分布しているが，中南米，中東，アフリカでは少ない．推定された可採埋蔵量を年生産量で割ったものを可採年数といい，表の最後の行に示している．それによると，石油や天然ガスはあと 50 年余りしか使用できないことになり，主要なエネルギー資源の枯渇は目前に迫っている．しかし，近年新たな油田，天然ガス田（在来型，非在来型）の発見，開発が相次いでおり，なかでもオイルサンド，オイルシェールの利用，シェールガス[†]の生産やメタンハイドレートの探査も始まっており，可採年数の正確な見積もりは困難である．

表 1.1 2013 年のエネルギー資源の分布と可採年数（資源エネルギー庁「エネルギー白書 2015」をもとに作成）

		石 油	天然ガス	石 炭	ウラン
確認可採埋蔵量 (R)		1 兆 6,879 億バレル[1)]	186 兆 m^3	8,915 億トン	763.5 万トン
地域別賦存状況	北米	12.9%	6.3%	27.3%	14.7%
	中南米[2)]	20.2%	4.1%	1.7%	4.0%
	欧州	1.0%	2.7%	9.6%	5.8%
	旧ソ連	7.8%	27.9%	25.4%	24.6%
	中東	47.9%	43.2%	0.1%	0.6%
	アフリカ	7.7%	7.6%	3.6%	20.5%
	アジア大洋州	2.5%	8.2%	32.3%	29.8%
年生産量 (P)		318 億バレル (87 百万バレル/日)	3.37 兆 m^3	78.2 億トン	5.97 万トン (年需要 6.65 万トン)
可採年数 (R/P)		53.3 年	55.2 年	114 年	115 年[3)]

1) 1 バレル (barrel) ≒ 160 L．　2) メキシコを含む．　3) ウランは十分な在庫があることから，年生産量は年需要量を下回る．このため，ウランの可採年数は確認可採埋蔵量を年需要量で除した値．

1.2.2 ● エネルギー資源の分類

エネルギー資源を分類すると

- **枯渇性エネルギー**

  石炭，石油，天然ガス，ウラン，など

[†] 地下 1,000 m 程度のシェール層（頁岩層）に含まれている非在来型天然ガスで，北米，南米，アジア大陸などに大量に埋蔵されると推定されている．

- **再生可能エネルギー**（≒ 自然エネルギー）

　　太陽光，水力，風力，海洋，地熱，バイオマス，など

のようになる．枯渇性エネルギーは，化石燃料を含む地球に埋蔵されている資源であり，使用すると減少していく．再生可能エネルギーは，主として太陽の放射エネルギーに基づく資源であり，人類の時間尺度内では，使用しても半永久的に減らず，再生されるものである．再生可能エネルギーは，地球環境に負荷をかけることが非常に少ないという意味で，自然エネルギーともいわれる．

　また，エネルギー資源を利用する観点に立つと，次のような分類ができる．

- **1次エネルギー**：自然界に存在する状態

　　石炭，原油，水力，など

- **2次エネルギー**：利用や取り扱いが便利なように変換したもの

　　ガソリン，都市ガス，電力，など

　わが国では，1次エネルギーのうち，**表 1.1** に示される主な枯渇性エネルギー資源は全て輸入に依存しており，石油や天然ガスは産出国からタンカーで運ばれ備蓄されている．石炭については，かつて国内に多くの炭田が存在したが，採掘コストの面などで閉鎖され，現在は輸入されている．

　石油は液体であり，採掘や輸送が，固体の石炭に比べて容易である．また，主成分の炭素 (C) と水素 (H) について，その割合は石炭が 1 : 1，石油が 1 : 2 であり，単位重量あたりの発熱量は石油が石炭の 1.5 倍程度ある．天然ガスは，C : H = 1 : 4 であり，発熱量はさらに大きい．天然ガスは気体として産出され，運搬のために冷却して液化し，液化天然ガス (LNG) として専用のタンカーで輸入されている．このように，石炭，石油，天然ガスなどの化石燃料は C が重量的に主成分であり，熱エネルギーを得るために燃焼させると二酸化炭素 (CO_2) が発生する．

　天然のウラン (U) は質量数 238 の ^{238}U と質量数 235 の ^{235}U の 2 種類の同位元素が主成分であり，その割合は $^{238}U : ^{235}U = 99.3 : 0.7$ と圧倒的に前者が多い．このうち核分裂性をもち，原子燃料として利用できるのは ^{235}U のほうである．したがって，天然ウランを原子燃料とするためには，^{235}U の含有量を増加させる必要があり，これを天然ウランの濃縮という．ウランを燃料として燃やす，とは，濃縮して 2～4% の含有率にした U 中の ^{235}U に中性子を衝突させて核分裂反応を起こし，そのとき生成される分裂片や中性子の運動エネルギーを熱エネルギーに変えて取り出すことをいう．このとき核分裂により発生した中性子は，次の核分裂を引き起こすので連鎖的に核分裂反応が持続する．このように U が燃えても CO_2 は発生しない．しかし，使用済み燃料は放射性廃棄物となる．

1.3 エネルギーの消費と地球環境

1.3.1 エネルギー消費の予想

世界の人口は 2000 年において約 60.6 億人であり，2020 年には 75 億人，2040 年には 88 億人に増えると予想されている．現在はいわゆる先進国が 1 次エネルギーを大量に消費し，その他の国の使用量は少ないが，発展途上国の中で消費量を急速に伸ばしてきている国々がある．また，アフリカ諸国も将来エネルギー消費が拡大するであろう．

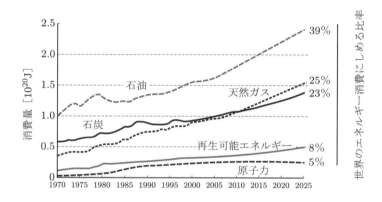

図 1.3 世界のエネルギー消費の現状と予測（2001 年までは実績，それ以降は予測．IEA 資料をもとに作成）

これらの人口増加と産業の発展や生活水準の向上が続くことにより，世界の 1 次エネルギー供給は図 1.3 のように増大化すると予測されている．図に示されるように，化石燃料の消費が全体の 85% 程度を占め，その伸びが非常に大きい．

例題 1.1

日本人は 1 年間に 1 人あたりおよそ 5 kL の石油を消費している．1 人 1 日あたりの消費量は何 L か．石油の比重は 0.87，石油 1 t の発熱量は 4.4×10^7 kJ とされている．日本人が 1 人 1 日消費するエネルギーを SI 単位で表せ．

解答

日本人 1 人の 1 日あたりの石油消費量は，5,000 L ÷ 365 日 ≃ 13.7 L である．さらに，質量に変換すると，13.7 L × 0.87 = 11.9 kg = 0.0119 t となる．1 t の発熱量が 4.4×10^7 kJ なので，日本人 1 人が 1 日に消費するエネルギーは $0.0119 \times 4.4 \times 10^7 \simeq 5.2 \times 10^5$ kJ である．これらの値は，アメリカ人の約半分である．

1.3.2 ■ 温室効果ガスと排出抑制

1.2 節で述べたように，化石燃料を燃焼させると CO_2 が発生する．この CO_2 は，メタンやフロン類とともに**温室効果ガス**とされている．太陽からの光量子エネルギーのうち，長波長部分は地表に吸収されて熱に変換される．この熱により地表から赤外線領域の光の放射が生じ，そのエネルギーは地球外に逃げようとする．しかし，大気中に存在する温室効果ガスがこれらの一部を吸収し，地球に向けて再放射することにより地球の温度を生物にとって好都合な値にしている．この温室効果ガスが必要以上に増えると，地表の熱が過剰になり，地球温暖化とよばれる事態に進行すると考えられている．

温室効果の程度を表すため，CO_2 の温室効果を 1 として，その何倍かを表す量が定義されている．これを **GWP** (global warming potential) という．いくつかのガスの GWP を示すと**表 1.2** のようになる．

表 1.2 温室効果ガスの GWP 値

ガス	GWP (同一重量，100 年間の効果に対する値)
CO_2	1
CH_4	21
SF_6	23,000
C_2F_6	6,200
$c\text{-}C_4F_8$	8,700

六フッ化硫黄（SF_6）は電力機器の絶縁用ガスとして高い性能があり，よく使われているが GWP がたいへん大きい．表中の CF 系ガスはパーフルオロカーボンといい，GWP が SF_6 よりもかなり小さい絶縁用ガスとして採用され始めている．過去には絶縁用や冷媒用としてフロン 12（CCl_2F_2）が多く用いられたが，塩素を含むことによりオゾン層を破壊するため使用が禁止された．

自動車や火力発電では，化石燃料を燃焼させるため CO_2 の排出が避けられない．**図 1.4** は世界での各国の CO_2 の排出量の割合を示す．予測によると，このままのペースで排出を続ければ，2100 年には地球の平均気温が 1.5～5.5°C 上昇する恐れがある．そこで，温室効果ガスの排出量を，2012 年までに，1990 年のレベルに戻すように削減するための各国の目標を定めた**京都議定書**が 1997 年に策定された．

CO_2 の排出を削減するための手段として，排出量取引，非効率なプラントの改良，植林などのほかに，次のようなものがある．

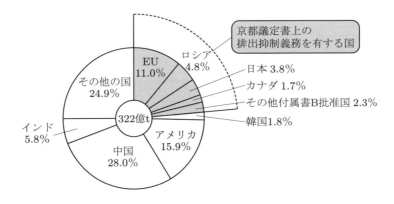

図 1.4　2013 年の各国の CO_2 排出量の割合
　　　（IEA「CO_2 Emissions from Fuel Combustion」2015 をもとに作成）

- 排ガスからの CO_2 の分離，回収，処分
- **バイオエタノール**など生物由来の代替燃料の普及
- ハイブリッド車，電気自動車の普及
- 火力発電の代替としての再生可能エネルギー発電や燃料電池発電の開発

　2015 年には，世界の平均気温上昇を産業革命前に比べて 2℃ 未満に抑えることを目的としたパリ協定が締結され，2020 年以降の地球温暖化防止対策が定められた．先進国，開発途上国各国が自主的に CO_2 排出削減量目標を定めて行動し，その内容を定期的に見直すことが求められている．

1.4　電気エネルギーの発生

　2 次エネルギーのうち，電力は利用に便利で，輸送も電線により光速に近い速度で行えることから全エネルギー供給の中で占める割合が年々増加している．この割合を**電力化率**といい，わが国において，1970 年には 26% であったものが，1985 年には 37% となり，2000 年以降は 42% となっている．

　電力の発生方法として，最初は摩擦電気を集める静電発電機が登場したが，電圧は高いものの容量的にはたいへん小さいものであった．19 世紀中頃には電池が発明され，大量の直流電力を供給することが可能になり，アーク燈照明の電源として利用された．この間，電磁気学が進展し，電磁力や電磁誘導の現象の解明が進むとともに，1870 年頃から直流発電機，1880 年頃から交流発電機が実用化されることになる．

1.4.1 ■ 電気機器

■ **電磁力と電磁誘導**　図1.5（a）のように，磁石で作られた磁束密度 B の一様な磁界の中に長さ l の導線を B と直角におき，電流 i を流すと，導線は B にも i にも垂直な方向に次の力を受ける．

$$f = iBl \tag{1.1}$$

これを導線に働く**電磁力**といい，その方向は**フレミング (Fleming) の左手の法則**で示される．(1.1) 式を方向も含めてベクトルで書くと，

$$\bm{f} = \bm{i} \times \bm{B} l \tag{1.2}$$

となり，$\bm{i}$ と $\bm{B}$ が作る平面上で両者の角度が θ の場合の $\bm{f}$ の大きさは $f = iBl\sin\theta$ である．

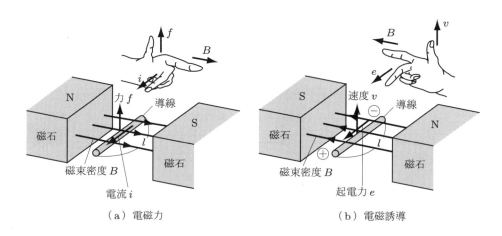

（a）電磁力　　　　　　　（b）電磁誘導

図 1.5　電磁力，電磁誘導とフレミングの法則

図1.5（b）のように，磁束密度 B の一様な磁界の中に長さ l の導線を B と直角の方向に速度 v で動かすと，導線に

$$e = vBl \tag{1.3}$$

で与えられる大きさの起電力が発生し，その方向は**フレミングの右手の法則**で与えられる．これを**電磁誘導**という．これは導線が，単位時間あたり，面積 vl の平面をつらぬく磁束 vBl を切るため，レンツ (Lentz) の法則により，磁束 $\varPhi$ の時間変化を妨げるように，

$$e = -\frac{d\Phi}{dt} \tag{1.4}$$

の起電力が発生することに対応している.

■ **電動機** 直流電動機 (DC motor) の原理図を図 1.6 に示す. 磁極間に**磁束密度** B の磁界を作り, **固定子**とし, その中を回転できるようにしたコイルを**回転子**とする. この場合の固定子は**界磁**といい, 回転子は**電機子**という. 界磁は永久磁石でも電磁石によるものでもよい. 電機子は外部直流電源により電流を流すが, 導入部は**整流子**とよばれる半円状の電極に**ブラシ**が接触する構造になっている. この整流子によって, 電機子コイルがどの角度にあっても, コイル辺が図の N 極側のときは手前から奥に, S 極側のときは奥から手前に向かって電流が流れる. このためコイル辺が N 極側に来たときには下向きの, S 極側に来たときには上向きの力が加わるので, 電機子は図のように持続的に左回転し, 直流電動機となる. なお, 説明のために電機子は 1 回巻コイルとして描いているが, 実際は**円筒形鉄心**にコイルを多数回巻いたものを使用する.

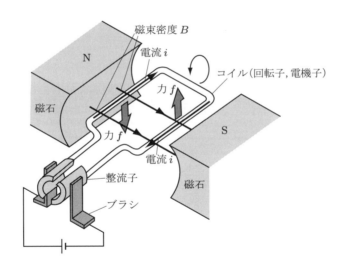

図 1.6 直流電動機の原理

電機子巻線の直径を $2D$, 長さを l, 巻数を N とすると, その**トルク** T は,

$$T = f \cdot D \cdot 2 = 2D \cdot NI_aBl = 2DlN\alpha I_f I_a \tag{1.5}$$

である. ここで I_a は電機子電流であり, 電磁石を用いた界磁の磁束密度は $B = \alpha I_f$ で, I_f は界磁電流, α は比例定数である. $K = 2DlN\alpha$ とおいて,

$$T = KI_f I_a \tag{1.6}$$

となる.

■ **発電機** 図 1.6 において，電機子に外部から電流を流すのではなく，電機子を外力により回転させると起電力が発生して**発電機** (generator) となる．電機子の**端子電圧**は半回転ごとに正負入れ替わるが，整流子があるので，ブラシ間の電圧は半波整流された脈流電圧になる．また，図 1.6 では界磁が固定され，電機子が回転しているが，**誘導起電力**を得るためには両者が相対的に運動していればよいので，界磁が回転し電機子が固定されていてもよい．

図 1.7 は**回転界磁型**の**三相同期発電機**である．界磁を外力で回転させ，外部電源からスリップリングとそれに摺動するブラシによって**界磁巻線**に電流を流し，角速度 ω_m で回転する磁界を発生させる．電機子巻線は空間的に 120° ずつずれた位置 3 箇所に巻かれており各巻線の片側は相互に接続されている．界磁の回転により，各電機子巻線に誘導起電力が生じ，正弦波電圧が発生するが，その位相は互いに 120° ずれるので，電機子巻線の 3 端子に角周波数 ω_m の三相交流電圧が得られる．電機子の各巻線を p 組配置すると，三相交流電圧の角周波数は $p\omega_m$ となり，p を**極対数**という．

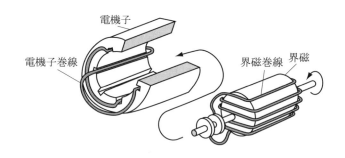

図 1.7　三相同期発電機の模式図

1.4.2 ● 発電の現状

電力を発生するには発電機を外力で回転させる必要があるが，この外力を発生するものを原動機という．原動機やその動力の違いにより，発電方式を分類すると，

- 水力発電
- 火力発電 $\begin{cases} 汽力発電（燃料の種類：石炭，石油，天然ガス） \\ ガスタービン発電 \\ 内燃力発電 \end{cases}$
- 原子力発電
- その他

となる．汽力発電は，それに用いる燃料の種類により細分されることがある．

図 1.8 は各国の電力供給量とその発電方式による内訳を示している．各国の特徴は表 1.3 のようである．

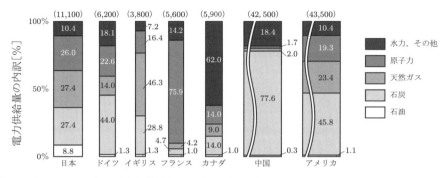

図 1.8　各国の 2010 年の電力供給量とその内訳（IEA「Energy Balances of OECD Countries 2012」，資源エネルギー庁「平成 24 年度エネルギーに関する年次報告」（エネルギー白書 2013），Gov. Canada「Canada's Energy Future」2011 をもとに作成）

表 1.3　各国の発電方式とその特徴

日本	コストの安い原子力発電をベースとし，その他の天然ガスや石炭，石油などの電源がバランスよく構成されている†．
ドイツ	石炭資源が豊富なことから，石炭が半分程度を占めている．次いで原子力が多い．水力，その他に分類されている再生可能エネルギー発電が 15% 近くを賄っている．
イギリス	もともと豊富であった石炭，北海油田から産出する天然ガス，および原子力をバランスよく構成し，電力の大半を賄っている．
フランス	原子力が約 8 割を占め，原子力発電に大きく依存している．これは，フランスのエネルギー自給率を高める政策に基づいている．
カナダ	水資源に恵まれていることから，水力発電で半分以上を賄っている．また，石炭資源にも恵まれており，水力に次いで石炭が 2 割弱を占めている．原子力も同程度である．
中国	急速な経済発展によって供給量の増加が著しい．石炭を中心とする発電であり環境対策が課題である．世界最大の三峡ダムの完成により水力が漸次増加すると予想される．
アメリカ	その他先進国と比較して総発電電力量が大きい．アメリカは石炭資源が豊富なことから，石炭が半分を占めている．次いで天然ガスと原子力がそれぞれ約 2 割を賄っている．

1.4.3　電力の需要と供給

わが国における 1 日のうちでの電力の需要量の変化を図 1.9 の電力需要（太線）で示す．電力需要は深夜は低い値をとり，夜明けから正午にかけて大きく増加し，昼休

---

† 2011 年以降の構成は大きく変化し，2013 年では石油 14.4%，石炭 32.4%，天然ガス 38.7%，原子力 1.0%，水力・その他 13.5% となっている．

みの時間帯に減少を見せたあとさらに増加し，午後2時から3時に1日の最大値を迎え，その後はゆるやかに減少していく．電力は現在の技術では大規模高効率に貯蔵できないため，図 1.9 の需要変化に合わせて発電量も変化させる必要がある．これを電力の発生と消費の同時性という．

各発電方式には特徴があり，その特徴を活かしながら全体の発電コストを最小にするように運転して，電力需要の日変化に合わせるようにしている．具体的には，図 1.9 に示されているように，出力変化をさせにくいがコストの低い原子力発電にベース供給を担わせ，出力の調整が比較的容易な火力発電が1日のゆるやかな変化部分を供給する．

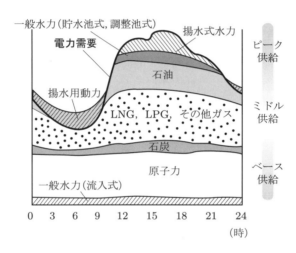

図 1.9　1日の電力需要（太線）とそれに対応する発電の構成
（出典：東京電力（株）「数表でみる東京電力 平成 19 年度」）

午後のピーク電力需要時には，出力調整が簡単に行える水力発電が使われる．ここで，揚水式水力発電とは，深夜に他の電力を使って水を上部の貯水池に汲み上げて待機し，需要のピーク時にその水を下部貯水池へ向けて放水して発電するものである（2.1.5 項参照）．これは実効的な電力貯蔵と取り出しである．

1.5　電気エネルギーシステム

電気エネルギーシステムとは，図 1.10 のように，電気エネルギーの発生から送電，変電，配電を経て最終需要家へ届くまでの設備とその運用制御を表す言葉である．

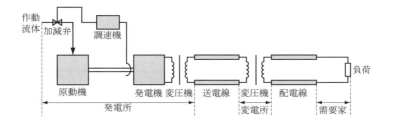

図 1.10　電気エネルギーシステム †

　ここで発電機はすでに説明した三相同期発電機であり，原動機は水力，火力，原子力の各発電方式に応じたものを用いる．発電機の出力の**周波数**は西日本では 60 Hz，東日本では 50 Hz とされている．発電機の**出力電圧**は 10 〜 25 kV であるが，発電所から需要地へ送電する場合，電圧が高いほど**送電損失**が少ないので，発電所内で**変圧器**（2.4 節参照）により 154 kV，275 kV，500 kV などに昇圧し送電線に送出する．

　図 1.11 は，500 kV および 275 〜 187 kV の送電線の系統図である．60 Hz と 50 Hz 地区の境界には周波数変換所が配置されている．また，紀北-阿南間のように直流幹線が使用されているところもある．

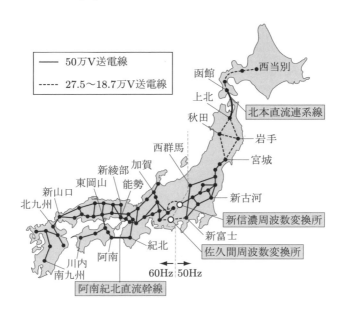

図 1.11　日本の送電ネットワーク（出典：電気事業連合会）

---

† 本書では記号 ─▭─ はインピーダンスを表す．また抵抗は記号 ─/\/\/─ を用いる．

送電線は超高圧変電所や 1 次変電所を経て，需要地の近くまで来ると，その電圧が 66 または 77 kV にまで下げられており，一部の需要家へ供給されるとともに配電用変電所によって 6.6 kV に降圧されて配電線に入る．配電線は架空線や地中線でネットワークが組まれており，要所に小容量変圧器が配置され，一般家庭向けに 100 V や 200 V に降圧している．中小工場などへは 6.6 kV で配電される．

現在の日本の電力系統は，主として 10 の電力会社（北海道，東北，東京，北陸，中部，関西，中国，四国，九州，沖縄）で構成される．沖縄を除く 9 電力会社の系統は全て連系されている．さらに，これらの従来の電力会社以外にも，独立系発電事業者による供給も行われている．

電気エネルギーシステムでは，1.4 節で述べた発生と消費の同時性を満たさなければならない．需要家は発電機の状態とは関係なく負荷を入れたり切ったりして消費量をたえず変化させているが，発電機はそれに応じて発電量を変化させなければならない．これは次のように行われている．電気エネルギーシステムにおいて発電と消費のバランスがとれている状態では，発電機の原動機からの入力パワーと送電線への出力電力は（損失を除くと）同じである．すなわち，発電機を回転させようとする機械的入力と回転を阻止しようとする機械的負荷は等しく，一定回転速度を保っている．この回転の角速度を ω_m [rad/s] とすると，発電機の出力電圧の周波数は $p\omega_\mathrm{m}/(2\pi)$ [Hz] である．今，ある需要家が負荷を増大させたとすると，発電機には原動機の入力より大きな負荷がかかり回転速度が低下する．これにより発電機出力の周波数が定格の 60 または 50 Hz からわずかに下がることになる．発電所ではこの周波数をたえず監視しており，その値が変化するともとに戻すように原動機の出力を変化させる．今の場合，水力発電所であれば原動機である**水車**への水量を増加させて，発電機の機械的入力を増大させることにより負荷とのバランスを取り直し，電力発生量を消費量に合わせることができる．このフィードバック制御は**調速機**により行われる（**図 1.10** 参照）．以上のようにして，周波数を一定に維持することにより発生と消費の同時性を満たしている．これらを含めて，電気エネルギーシステムの制御を行っている中央給電指令所の様子を**図 1.12** に示す．

図 1.12　中央給電指令所（関西電力）

演習問題　1

1. 大型ジェット機が飛行中にもつエネルギーを示せ．
2. 体重 50 kg の人が 100 m を 10 s で走ったときの平均パワーを概算せよ．
3. メタンハイドレートについて説明せよ．
4. 電磁力も電磁誘導も，導線中の電子の運動に基づくものである．(1.2) 式および (1.3) 式を，電子の運動により説明せよ．

第2章 現用発電方式

第1章で解説したように，現在電気エネルギーの発生を担っているものは，水力発電，火力発電，および原子力発電である．わが国は水力資源が豊富であり，1950年代までは大規模な水力発電所が建設されてきた．その後の1960年代からは，経済成長にともない立地や建設期間の点で有利な火力発電所が主力となっていった．それと並行して1970年代からは原子力発電所も建設が進み，現在では発電量の30%を賄っている．本章では，これらの現用発電方式について，その原理に重点をおいて述べてゆく．それらに続き，2.4節では，現用発電で用いられる発電機と変圧器の原理を述べ，発電機については各発電方式に対応した特徴を解説する．

2.1 水力発電

2.1.1 水資源

水力発電 (hydroelectric power generation) は高所の水のもつ位置エネルギーを機械的エネルギーに変換して発電を行うものであるから，大量の水を必要とする．水源として用いられるのはほとんどの場合，河川である．降雨は地表に達すると，地中に浸透して地下水となったり，地表水となって河川に流れ出す．河川の水の流れは，単位時間に通過する水の体積で表され，これを**流量** Q [m^3/s] という．降水量のうち河川に流れ出す量の割合を流出係数という．

ある河川の流域面積を A [km^2]，年降水量を P [mm]，流出係数を γ とすると，1年間の全降雨量 $PA \times 10^3$ m^3 の γ 倍が河川に流れ出す．この地表水のもつ位置エネルギーを電力量に換算したものを抱蔵水力という．わが国で経済的に利用できる抱蔵水力は約 130 TWh/年であるが，そのうちの約70%は開発済みである．

さて，地表水の年平均流量 $\overline{Q}$ は，次のように与えられる．

$$\overline{Q} = \frac{\gamma PA \times 10^3}{365 \times 24 \times 60 \times 60} \simeq 3.2\gamma PA \times 10^{-5} \text{ m}^3/\text{s} \tag{2.1}$$

Q の1年間にわたる変化を表すものが流量図であり，その例を**図2.1**（a）に示す．このグラフの1日ごとの値を各点として，全365点を流量の大きいものから順に並べ

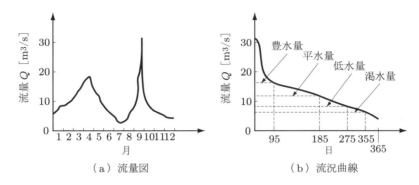

(a) 流量図　　　　　　　　　　　(b) 流況曲線

図 2.1　河川の流量

てグラフを描くと**図 2.1（b）**のような流況曲線が得られる．流況曲線で，1年のうち355日は，それを下回らない流量を渇水量という．以下同様にして，275日の場合を低水量，185日の場合を平水量，95日の場合を豊水量という．また，豊水量を超える値を高水量，最大値付近を洪水量という．

ある河川に水力発電所を建設する場合は，その河川に対するこれらの各水量や $\overline{Q}$ を設計の指針とする．

2.1.2　水力発電所の構成

水力発電所は，河川をせき止めた**ダム**などにより大量の水を蓄え，それを高所の**取水口**から低所にある**水車**(water turbine)へ導く．これにより水の位置エネルギーが，低所では運動エネルギーや圧力のエネルギーに変換され，それを水車に作用させて回転させる．水車の軸は発電機に直結しており，電気エネルギーを得ることができる．水車にエネルギーを与えたあとの水は**放水路**に導かれる．この様子を**図 2.2** に示す．

(a) ダム式発電所(関西電力黒部ダム)

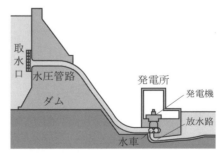
(b) 発電所の構造(中部電力HPより)

図 2.2　水力発電所

2.1.3 ■ 水力学

ある水流中の流線 (stream line) とは，図 2.3（a）に示すように，その上の全ての点における接線の方向がその点の流れの速度になるような線である．流線は交わることがない．もし，交われば交点において二つの異なる速度をもつことになるからである．

水流中にある断面をとり，断面積を A とする．A をつらぬく流れの速度を v とすると，流量は，次のようになる．

$$Q = Av \tag{2.2}$$

図 2.3（b）のように，水流中で一つの閉じた曲線をとり，その上の全ての点を通る流線の集まりを流管 (stream tube) という．流線の定義から，流管をつらぬく流れはない．

図 2.3（b）で示す流管において，断面 1 の断面積を A_1，流速を v_1 とし，断面 2 におけるそれらを A_2, v_2 とする．断面 1 と断面 2 で囲まれた流管の部分が，微小時間 Δt 後に断面 $1'$ と断面 $2'$ で囲まれた部分に移動したとする．このとき囲まれた部分の質量は，移動前後で変化しないので，

$$\rho A_1 v_1 \Delta t = \rho A_2 v_2 \Delta t$$

が成り立つ．ここで ρ は水の密度である．この式より，$A_1 v_1 = A_2 v_2$ となるので，一般に，

$$Q = Av = \text{const.} \tag{2.3}$$

となり，これを**連続の式** (equation of continuity) という．ここで，const. は一定値を表す．

図 2.4 のように，水流の中に，流線に沿った座標 s に平行に，断面積 dA, 長さ ds

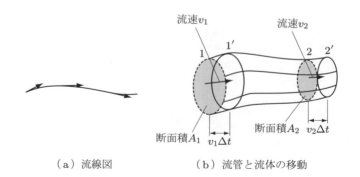

（a）流線図　　　　　（b）流管と流体の移動

図 2.3　水中の流線と流管

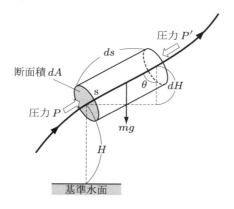

図 2.4　流体に加わる力

の微小な円柱をとる．基準水面から点 s までの高さを H とし，鉛直線と円柱のなす角度を θ とする．水流の速度 v は s の関数であり，$v = v(s)$ と書く．これから加速度を求めると，

$$\alpha = \frac{dv}{dt} = \frac{dv}{ds}\frac{ds}{dt} = v\frac{dv}{ds} \tag{2.4}$$

である．したがって円柱の質量を m，円柱に加えられた力を F とすると，流線方向の運動の式は，

$$F = m\alpha = (\rho\, dA\, ds)\left(v\frac{dv}{ds}\right) \tag{2.5}$$

となる．F は重力と圧力からなるが，

$$重力：-mg\cos\theta = -\rho\, dA\, ds\, g\frac{dH}{ds}$$

$$圧力：P\, dA - P'\, dA = P\, dA - \left(P + \frac{dP}{ds}ds\right)dA$$

である．ここに，g は重力加速度，P，P' は円柱の左右の面にかかる圧力である．これらを (2.5) 式の左辺に用いて運動の式をまとめると，

$$-\rho\, dA\, ds\, g\frac{dH}{ds} - \frac{dP}{ds}ds\, dA = \rho\, dA\, ds\, v\frac{dv}{ds}$$

$$\therefore\quad \rho g\frac{dH}{ds} + \rho v\frac{dv}{ds} + \frac{dP}{ds} = 0$$

となる．これを積分すると，次式が得られる．

$$\rho g H + \rho\frac{v^2}{2} + P = \text{const.} \tag{2.6}$$

これを**ベルヌーイ** (Bernoulli) **の定理**という．(2.6) 式の左辺の各項は，それぞれ，単位体積あたりの位置エネルギー，運動エネルギー，そして圧力のエネルギーになっている．この式を次のように書くことがある．

$$H + \frac{v^2}{2g} + \frac{P}{\rho g} + H_l = \text{const.} \tag{2.7}$$

ここで，左辺の各項を左から，**位置水頭**，**速度水頭**，**圧力水頭**，および**損失水頭**とよぶ．最後の損失水頭 H_l は，水流の途中で摩擦などにより失われるエネルギーに対応するものである．

例題 2.1

図 2.5 の水管内を水が充満して流れている．点 A では管の内径 2.5 m で，これより 30 m 低い位置にある点 B では内径 2.0 m である．点 A では流速 4.0 m で圧力は 25 kPa と計測されている．このときの点 B における流速 v と圧力 p の値を求めよ．なお，圧力は水面との圧力差とし，水の密度は $1.0 \times 10^3 \, \text{kg/m}^3$ とする．[電験Ⅲ・電力・2006 改]

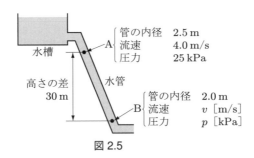

図 2.5

解答

点 A と点 B に連続の式を適用すると

$$\pi \left(\frac{2.5}{2}\right)^2 \times 4.0 = \pi \left(\frac{2.0}{2}\right)^2 \times v$$

であるから

$$v = 6.3 \, \text{m/s}$$

両点にベルヌーイの定理を適用して

$$30 + \frac{4.0^2}{2g} + \frac{25 \times 10^3}{\rho g} = 0 + \frac{6.3^2}{2g} + \frac{p}{\rho g}$$

となるから

$$p = \rho g \times 30 + \frac{\rho}{2}(4.0^2 - 6.3^2) + 25 \times 10^3$$
$$= 10^3 \times 9.8 \times 30 + \frac{10^3}{2}(4.0^2 - 6.3^2) + 25 \times 10^3$$
$$= 3.07 \times 10^5 \simeq 3.1 \times 10^2 \,\mathrm{kPa}$$

2.1.4 ■ 発電出力

水力発電は，図 2.6 に示すように，高所の水の位置エネルギーを水車によって機械的エネルギーに変換し，水車と直結した発電機を回転させて電気出力を得ようとするものである．高所の水の水面の高さと水の放出口の水面の高さの差を**総落差** H_g といい，総落差から**損失落差** H_l（水管の摩擦など）を引いたものを**有効落差** H という．すなわち，

$$H = H_g - H_l \tag{2.8}$$

高所の水の体積を V とし，水が流れ出しても H の値は変わらないとすれば，水車が受ける単位時間あたりの仕事は，

$$P = \frac{d(V\rho g H)}{dt} = \frac{dV}{dt}\rho g H = Q\rho g H \ [\mathrm{W}] \tag{2.9}$$

である．水車効率を η_W，発電機効率を η_G として，$\rho = 10^3 \,\mathrm{kg/m^3}$ を用いると，発電機の電気出力は，次のように書ける．

$$P_G = 9.8 Q H \eta_W \eta_G \ [\mathrm{kW}] \tag{2.10}$$

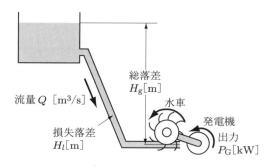

図 2.6　水力発電の出力の考え方

例題 2.2

取水口の標高 500 m，放水口の標高 400 m の水力発電所がある．水車への水の流量が $50\,\mathrm{m^3/s}$ であるとき，発電機の出力はいくらか．ただし，損失落差は総落差の 3%，水車効率は 85%，発電機効率は 95% である．

解答

有効落差は $(500 - 400) \times (1 - 0.03) = 97\,\mathrm{m}$ である．(2.10) 式により，

$$P_\mathrm{G} = 9.8 \times 50 \times 97 \times 0.85 \times 0.95$$
$$= 3.84 \times 10^4\,\mathrm{kW} \simeq 38\,\mathrm{MW}$$

2.1.5 ● 水力発電所の落差のとり方

河川などの水源から水力発電所の水車までの落差をどのようにとるかで，形式を分類すると次の図 2.7 のようになる．

ダム式は河川の幅が狭く，地盤の強固な場所に河川をせき止めるようにダムを築き，上流の水位を高くして落差をとり，水流を発電所へ導く．ダムの水門の開閉により，水位や下流への流量調整が可能である（図 2.2 参照）．

水路式は河川の上流部に取水のための小規模なダムを設置し，取水口からの水を導水路で発電所近くの高所へ導く．そこから落差をもって発電所へ水流を送る．放水は河川の下流へ合流させる．発電所への水流は河川流量に大きく依存し，下流への放水調整もあまりできない．

（a）ダム式

（b）水路式

（c）ダム水路式

図 2.7　水力発電所の落差のとり方（中部電力 HP より）

ダム水路式はダム式と水路式を混合したものであり，両者の落差の和を利用するとともに，下流への流量調整も可能になっている．

図 2.8 は**揚水発電所**とよばれる方式である．高所と低所にそれぞれ上部貯水池と下部貯水池を設け，それらの間を**水圧管**で結び，低所側に発電所を設ける．上部貯水池の水を下部貯水池へ向かって流し，両者の水面の差で決まる落差を使って水車を回転させ，発電電動機を発電機として使用することで発電を行う．上部貯水池の水がなくなると発電は停止する．そこで，発電電動機を電動機に切り替え，水車を電動機で逆回転し，ポンプとして作動させて下部貯水池から上部貯水池へと送水して次の発電に備える揚水を行う．揚水は電力需要の少ない深夜の時間帯に行われ，昼間の電力需要のピーク時に発電する．

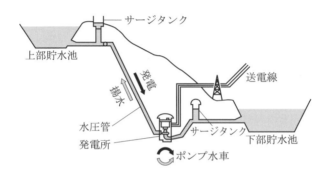

図 2.8 揚水発電所の模式図

2.1.6 ■ 土木設備と発電設備

水力発電所の設備は，図 2.9 のように取水設備，導水設備，発電設備，揚水設備，放水設備などに分かれる．図 2.7 に示した方式の違いにより，各設備にも差異が生じる．

ダム式の場合のダムはいくつかの方式がある．重力ダムは強固な地盤の上のコンクリート製のダムの自重により貯水池の水圧を支えるのもの，アーチダムは湾曲した壁により，水圧による力を壁の両端の岩盤へ導きそこで支えるものである．重力ダムに比べてダムの厚さは薄くてよい．フィルダムやアースダムは土質材料などを用いてダムを築くもので広い面積の地盤で水圧を支える．地盤の条件が重力ダムに比べてゆるやかである．

ダム水路式では取水口からの流水は**圧力水路**により導かれる**サージタンク**を経て，水圧管に送られる．ダム式では取水口から直接水圧管に入る．水路式では取水口から

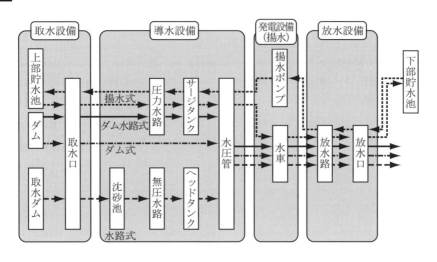

図 2.9　水力発電所の設備

長い**無圧水路**により**ヘッドタンク**へ流れ，そこから水圧管へ向かう．圧力水路は，密閉構造で大気圧以上の圧力が加わるものをいい，無圧水路は開放型などで大気圧のままの導水路をいう．それらは**暗きょ**，**開きょ**，**トンネル**などの構造をとる．

　サージタンクやヘッドタンクは一種の水槽であり（**図 2.8** 参照），水圧管や水車における流量の急激な変化が起きたときに発生する水圧の急変による**水撃作用**を吸収する役割を果たす．サージタンクやヘッドタンクから水車までは水圧管により導かれる．水圧管は通常でも高い圧力がかかり，水流変化時には水撃作用も加わるので，鋼板により強固に作られている．水車を出た水流は放水路を経て放水口から河川などへと排出される．

　発電設備としては，水車および発電機がある．揚水発電所の場合はこれに揚水ポンプが加わるが，水車と揚水ポンプはポンプ水車として一体になっているものが多い．水車を分類すると次の**表 2.1** のようになる．**衝動水車**とは，水のエネルギーを全て速度水頭に変えて水車に作用させるもので，**ペルトン水車**がその代表である．**反動水車**は圧力水頭をもつ水流を水車に作用させて回転力を得るもので，**フランシス水車**を筆頭としていくつかの型がある．**プロペラ水車**は船のスクリューのような羽根をもつ水車で構造によりさらに細分される．

　発電機は電気設備として最も重要なもので，三相同期発電機が用いられる．発電機の回転速度により発電された交流の周波数が決まるので，回転速度の制御は厳密に行われている．

表 2.1 水車の分類

衝動水車	ペルトン水車（図 2.10） クロスフロー水車
反動水車	フランシス水車（図 2.11）
	斜流水車：デリア水車
	プロペラ水車：カプラン水車（図 2.12），チューブラー水車

例題 2.3

揚水発電所において，電動機で駆動するポンプにより，毎時 $100\,\mathrm{m}^3$ の水を揚程 $50\,\mathrm{m}$ の高さに持ち上げる．ポンプの効率は 74%，電動機の効率は 92% で，水圧管の損失水頭は $0.5\,\mathrm{m}$ であり，他の損失水頭は無視できるものとする．このとき必要な電動機入力 [kW] の値を求めよ．［電験Ⅲ・機械・2006 改］

解答

ポンプ負荷としての揚程 H は，

$$H = 50 + 0.5 = 50.5\,\mathrm{m}$$

となる．また，必要な流量 Q は，

$$Q = 100/3{,}600 = 1/36\,\mathrm{m}^3/\mathrm{s}$$

となる．必要な単位時間あたりの仕事，すなわちポンプ出力は $9.8QH$ [kW] である．効率を考慮して，電動機入力 P は，

$$P = \frac{9.8QH}{\eta_\mathrm{P}\eta_\mathrm{G}} = \frac{9.8 \times 50.5}{36 \times 0.74 \times 0.92} \simeq 20\,\mathrm{kW}$$

である．

2.1.7 ● 主な水車の構造と効率

■ ペルトン水車 図 2.10（a）はペルトン水車の**ランナ**部分の写真，（b）は全体の断面構造図を示している．水圧管から来る流水は二手に分かれ，ノズル 1 と 2 から高速に噴出する．各ノズルには**ニードル**が設けられ，油圧によって出入りして流量を調整する．また，デフレクタにより，必要な場合は水流の向きを水車方向からそらすことができる．噴出した水流はランナの円周に沿って取り付けられた**バケット**に衝突し，その衝動によって主軸を回転させる力を生じる．

図 2.10（c）にノズルからの水流がバケット面に反射される様子を示す．入射水流の速度を v_1，反射水流の速度を v_2 とする．バケットは主軸に対して回転運動をして

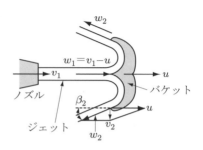

（a）水車ランナ外観（関西電力）　　（c）バケットに水流が衝突する様子

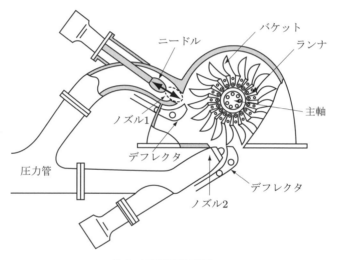

（b）水車構造断面図

図 2.10　ペルトン水車

いるがその接線速度を u として，u で動く座標系に移ると，入射水流，反射水流の速度は，それぞれ，

$$w_1 = v_1 - u, \quad \bm{w}_2 = \bm{v}_2 - \bm{u} \tag{2.11}$$

である．ここで，u の方向を基準にとっている．また，水流の質量流量を W [kg/s] とする．

　一般に，速度 w の質量 m の物体に力 F が働くと，$m\dfrac{dw}{dt} = F$ であり，したがって，$m\Delta w = F\Delta t$ となる．左辺は運動量変化，右辺は力積である．図 2.10（c）の場合，

時間 Δt での水の運動量変化は,反射方向の角度を β_2 として,

$$m\Delta w = (W\Delta t)(w_1 - (-w_2 \cos\beta_2)) \tag{2.12}$$

であるから,バケットに働く力の大きさは,次のようになる.

$$F = W(w_1 + w_2 \cos\beta_2) \tag{2.13}$$

ここで,静止座標系に戻り,バケットに対する単位時間あたりの仕事は,

$$K = \frac{F\Delta x}{\Delta t} = Fu = Wu(w_1 + w_2 \cos\beta_2) \tag{2.14}$$

である.ここで,相対速度水頭の比として,

$$\zeta = \frac{1}{2g}(w_1{}^2 - w_2{}^2) \Big/ \frac{1}{2g}w_2{}^2 \tag{2.15}$$

とおくと,

$$K = Wu(v_1 - u)\left(1 + \frac{\cos\beta_2}{\sqrt{1+\zeta}}\right) [\text{W}] \tag{2.16}$$

が得られる.一方,バケットへの単位時間あたりの入力エネルギーは,$\frac{1}{2}Wv_1{}^2$ であるから,ペルトン水車の効率は,K をこの量で割って,次式で表される.

$$\eta_\text{W} = 2\frac{u}{v_1}\left(1 - \frac{u}{v_1}\right)\left(1 + \frac{\cos\beta_2}{\sqrt{1+\zeta}}\right) \tag{2.17}$$

例題 2.4

(2.17) 式において,最大の効率を与える u/v_1 の値を求めよ.ただし,β_2 と ζ は一定とする.

解答

$u/v_1 \equiv x$ とすると,関数 $f(x) = x(1-x)$ は,$x = 0.5$ のとき極大値をとる.したがって $u/v_1 = 0.5$ のとき効率最大になる.

■ **フランシス水車** 図 2.11 に示すフランシス水車は反動水車の一種で,回転する**ランナベーン**とその周りの固定された**ガイドベーン**とよばれる羽根があり,その外側を取り巻くように水圧管につながった渦巻き状の**ケーシング**がある.ケーシング内を流れる圧力水頭と速度水頭をもつ水流が,ガイドベーンに沿って方向を整えられ,ランナベーンにトルクを与えることにより鉛直軸の周りに回転させる.なお,ガイドベーンは流量や水流方向を調整するために,その角度を変化させることができる場合が多い.ランナベーンを流れた水流は中心付近から垂直下方の吸出し管に向かって軸方向

（a）水車ランナ外観（関西電力）

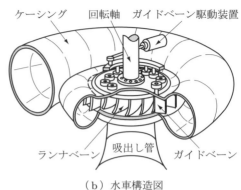
（b）水車構造図

図 2.11　フランシス水車

に放出される．

ランナベーンの外周半径を r_1，内周半径を r_2，外周の接線方向速度を u_1，内周のそれを u_2 とし，ランナの角速度を ω とすると，$u_1 = r_1\omega$，$u_2 = r_2\omega$ が成り立つ．また，外周と内周における水流の速度の大きさを v_1，v_2 とし，それらが接線方向となす角度を α_1，α_2 とする．水流の質量流量を W [kg/s] とすると，水がランナに与えるモーメントは

$$M = W(r_1 v_1 \cos\alpha_1 - r_2 v_2 \cos\alpha_2) \tag{2.18}$$

で与えられる．水流がランナに単位時間あたりにする仕事は，

$$K = \omega M = W(u_1 v_1 \cos\alpha_1 - u_2 v_2 \cos\alpha_2) \tag{2.19}$$

である．有効落差を H とすると，水流により流入する単位時間あたりのエネルギーは WgH であるから，フランシス水車の効率は，次のように求めることができる．

$$\eta_\mathrm{W} = \frac{K}{WgH} = \frac{1}{gH}(u_1 v_1 \cos\alpha_1 - u_2 v_2 \cos\alpha_2) \tag{2.20}$$

他のタイプの水車としてプロペラ水車の外観を**図 2.12** に示しておく．プロペラ水車のプロペラのピッチ角を変えられるようにしたものを**カプラン水車**という．

2.1.8　水車の比速度

図 2.13 に示すように，同種の二つの相似形の水車 1，水車 2 を考え，それぞれの水車の設計流量を Q_1，Q_2，水車ランナの直径を D_1，D_2，有効落差を H_1，H_2，水車の出力を P_1，P_2，ランナの周辺速度を V_1，V_2 とする．

水の流入速度 v は $(2gH)^{\frac{1}{2}}$ に比例し，流入断面積 A は水車のサイズ，すなわちラン

図 2.12　プロペラ水車の外観
　　　　（中部電力新七宗発電所）

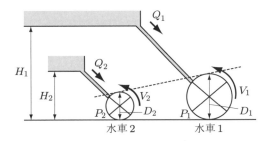

図 2.13　二つの相似形の水車

ナの直径の 2 乗に比例する．よって，流量 Q は，$Q = Av \propto D^2 H^{\frac{1}{2}}$ となるので，

$$\frac{Q_1}{Q_2} = \left(\frac{D_1}{D_2}\right)^2 \left(\frac{H_1}{H_2}\right)^{\frac{1}{2}} \tag{2.21}$$

が成り立つ．また，ランナの周辺速度は水の流入速度に比例するから，

$$\frac{V_1}{V_2} = \left(\frac{H_1}{H_2}\right)^{\frac{1}{2}} \tag{2.22}$$

である．水車の出力は $P = QgH\eta_\mathrm{W}$ [kW] で与えられるから，両水車の効率が等しいとすると，

$$\frac{P_1}{P_2} = \left(\frac{Q_1}{Q_2}\right)\left(\frac{H_1}{H_2}\right) = \left(\frac{D_1}{D_2}\right)^2 \left(\frac{H_1}{H_2}\right)^{\frac{3}{2}} \tag{2.23}$$

となる．水車の回転速度（または回転数）は，ランナの周辺速度に比例し，ランナの直径に反比例するから，それぞれの水車の回転速度 N_1, N_2 の比は，(2.22) 式と (2.23) 式から，次のようになる．

$$\begin{aligned}\frac{N_1}{N_2} &= \left(\frac{V_1}{V_2}\right)\left(\frac{D_2}{D_1}\right) = \left(\frac{H_1}{H_2}\right)^{\frac{1}{2}} \left(\frac{P_1}{P_2}\right)^{-\frac{1}{2}} \left(\frac{H_1}{H_2}\right)^{\frac{3}{4}} \\ &= \left(\frac{P_1}{P_2}\right)^{-\frac{1}{2}} \left(\frac{H_1}{H_2}\right)^{\frac{5}{4}}\end{aligned} \tag{2.24}$$

今，P を kW，N を rpm[†] 単位でそれぞれ表し，$H_2 = 1\,\mathrm{m}$，$P_2 = 1\,\mathrm{kW}$ のときの

---

†　revolutions per minute の頭文字．1 分間あたりの回転数．

N_2 を比速度 N_S [rpm] とよぶ．したがって，有効落差 H，出力 P の水車の回転速度 N と比速度との関係は，

$$N = N_S P^{-\frac{1}{2}} H^{\frac{5}{4}}, \quad \text{あるいは，} \quad N_S = N \frac{P^{\frac{1}{2}}}{H^{\frac{5}{4}}} \tag{2.25}$$

となる．他書にはよく N_S [m kW] などとあるが，これは N_S を与える式の中の H を m で，P を kW で表す，という意味であり，N_S の単位は rpm であるから誤解をしないように注意を要する．

前項で示した各種水車には，それぞれに適した落差と比速度がある．比速度については，ペルトン水車では $12 \sim 23$ rpm，フランシス水車では $50 \sim 350$ rpm，プロペラ水車では $250 \sim 800$ rpm である．比速度を大きくとり過ぎると，水流に**キャビテーション**が発生し水車や構造物に大きな衝撃を与える．すなわち，水流の乱れなどによりある点の圧力がその水温での飽和蒸気圧より低くなると，その部分の水が蒸発して気体となり，水中に気泡が発生する．また水に含まれていた空気が気泡を形成する場合もある．これらの気泡が圧力の高いところに移動すると突然つぶれてしまうので，突発的に衝撃波が発生し，ペルトン水車ではニードルやバケット，フランシス水車ではランナベーンなどに損傷を与える．このキャビテーションを避けるために各水車において比速度の値に限界がある．表2.2 に，各水車の落差の適用範囲や効率の特徴と限界値を示す．

表2.2　主な水車の特性

水車の種類	流水方向		適用落差 [m]	比速度 [rpm]		効率
	流入	流出		範囲	限界値	
ペルトン	接線方向		> 200	$12 \sim 23$	$12 \leq N_S \leq 23$	軽負荷から重負荷まで広範囲で効率高い
フランシス	半径方向	軸方向	$40 \sim 450$	$50 \sim 350$	$N_S = \dfrac{20{,}000}{H + 20} + 30$	軽負荷で効率大きく低下
斜流	斜め方向	軸方向	$40 \sim 150$	$120 \sim 300$	$N_S = \dfrac{20{,}000}{H + 20} + 40$	
プロペラ（カプラン）	軸方向	軸方向	< 80	$250 \sim 800$	$N_S = \dfrac{20{,}000}{H + 20} + 50$	全ての負荷範囲において効率高い

2.1.9 ● 水車の回転速度と速度調整

通常，水車の軸は発電機に直結されており，発電機の回転速度 N [rpm] は発電された交流電力の周波数 f [Hz] を決める．すなわち，発電機の極対数を p とすると，

$$N = \frac{60f}{p} \quad (p = 1, 2, 3, \ldots) \tag{2.26}$$

が成り立つ．f は 60 あるいは 50 Hz であるから，N は上式から決まる特定の値をもつことになり，水車の回転速度が規定される．一方，2.1.8 項で述べたように，ある水車のタイプを選ぶと，その水車の比速度の限界を超えないようにしなければならない．したがって，N を定めるためには，次の手順による．

1. 水車のタイプを決め，比速度の限界値を求める．
2. 所要出力と有効落差を与えて水車の回転速度 N の上限値 N_m を求める．
3. 周波数を与え，(2.26) 式の N の値が N_m を超えないような最小の p を求める．そのときの N が求める水車の回転速度である．

このように，発電電力の周波数を一定に保つためには水車の回転速度を上で決めた値に保つ必要がある．水車の回転速度を一定に保つ装置が調速機である．水車の主軸の回転速度を機械式や電気式のセンサで検出し，定格値からの変化があれば水車への水の流量を調整するフィードバック制御機構を構成している．制御回路の出力により油圧シリンダーのピストンを動かし，ペルトン水車の場合はニードル弁を，フランシス水車の場合はガイドベーンを開閉して流量を制御する．

2.2 ● 火力発電 ●

2.2.1 ● 化石燃料

火力発電 (fossil fuel electric power generation) は，物質が酸素と化合して燃焼するときに発生する熱を利用して熱機関を動かし，発電を行うものである．燃焼させるための燃料として，石炭，石油，天然ガスなどの化石燃料が使用され，燃焼の結果，CO_2 や水蒸気を主とする排気ガスが排出される．化石燃料の推定埋蔵量や可採年数は第 1 章で述べたとおりである．

これらの燃料の主元素は C と H であり，天然ガスであるメタンは C : H = 1 : 4，石油は 1 : ∼ 2，石炭は 1 : ∼ 1 となっている．また，この順に硫黄 (S) や窒素 (N) などの含有量が増加する．天然ガスは運搬に際して液化するため，LNG（液化天然ガス）とよばれる．液化温度は 1 気圧において約 −160°C である．それぞれの燃焼時の

およその発熱量は，石炭が 25 MJ/kg，石油が 42 MJ/kg，LNG が 54 MJ/kg である．LNG は液化するときに S や N の化合物を液化温度の違いにより分離できるので，燃焼させたときの排ガス中に含まれる **SO_x** や **NO_x** の割合が少なくクリーン度が高い燃料とされている．

2.2.2 ■ 火力発電所の構成

火力発電所の構成図を**図 2.14** に示す．燃料となる石炭あるいは重油などを**ボイラ**に導いて燃焼させる．ボイラには**細管**が多数配列されており，細管中を流れる水が燃焼熱によって加熱され蒸気となる．蒸気は配管によって**タービン** (turbine) に送られる．タービンは多数の羽根をもつ水車のような構造をしており，高温高圧の蒸気を羽根に吹き付けて高速回転させる．回転速度は 3,000 rpm または 3,600 rpm である．タービンの回転軸は発電機に直結されており発電される．タービンに運動エネルギーを与えて温度の下がった蒸気は，**復水器**において海水との熱交換により冷却され水に戻る．このあと，**給水ポンプ**によりボイラに送られ循環することになる．復水器において熱を受けた海水は温度が多少上がるが，あまり環境に影響を与えないようにして排水される．

一方，ボイラで化石燃料を燃焼させると，CO_2 や NO_x，硫化物，炭化物などが生じる．環境保全性に最大限配慮して，CO_2 以外のガスや塵埃などの固形物は様々な方式により吸着除去や改質され回収される．CO_2 は大気中に排出されるが，これを極力減らすように努力がなされている．

（a）火力発電所全景（関西電力海南発電所）

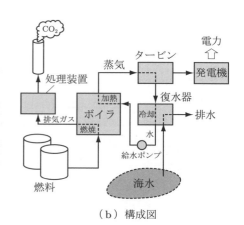
（b）構成図

図 2.14　火力発電所

2.2.3 ■ 熱力学

■ **熱力学第1法則** 着目するある物理的対象を系とよび，その系のもつエネルギーを考える．系は位置エネルギーと運動エネルギー以外に，内部に蓄えられたエネルギーがあり，これを**内部エネルギー**とよぶ．内部エネルギー U の変化は，系に加えられた熱量 Q と，系が外部に対してした仕事 W により決まり，

$$U_2 - U_1 = Q - W \tag{2.27}$$

となる．これを熱力学第1法則という．この式はエネルギー保存則であるとともに，熱と仕事が等価であることを表している（1.1節参照）．

図2.15のように，シリンダーとピストンを考え，シリンダーの中には圧力 P，体積 V の気体が入っているとする．このシリンダー内の気体を着目する系とする．系が外部の圧力 P_a に逆らってピストンを右方向へ押すと，外部に仕事をしたことになる．逆にピストンが左方向に動いたとすると系は外部から仕事をされたことになる．今，ピストンが動く際に，

$$|P - P_\mathrm{a}| \simeq 0 \tag{2.28}$$

が成り立つと仮定し，このような変化を準静的過程とよぶ．準静的過程の定義は，系も外部も熱平衡状態をたどりながら変化する過程である．したがって，その変化は，どのような変化よりもゆっくりと進行しなければならず，そのためには，図2.15の場合，P と P_a の差は無限小である必要がある．P が P_a より無限小だけ大きい場合は系が外部に対して仕事をし，P が P_a より無限小だけ小さい場合は系が外部から仕事をされる．これからわかるように，準静的過程は，外部になんの痕跡も残すことなく，系が一度起こした変化をもとに戻すことができる．このような性質を可逆過程といい，準静的過程は可逆過程である．可逆過程でないものは，非可逆過程とよぶ．

準静的過程において，気体が外部に対してする仕事は，

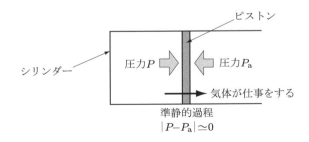

図 2.15 気体と仕事

$$d'W = PA\,dx = P\,dV$$

と表される．A はピストンの面積，dx はピストンの動いた距離である．d や d' が付加された量は微小量を表すが，両者の区別は後ほど説明する．これを用いて，熱力学第 1 法則の微分形を書くと，次のようになる．

$$dU = d'Q - P\,dV$$

エンタルピー (enthalpy) H を次の式で定義しよう．

$$H = U + PV$$

これにより，

$$dH = dU + P\,dV + V\,dP = d'Q + V\,dP \tag{2.29}$$

となる．この式からわかるように，もし，系が一定圧力のもとで変化する場合は，$dP = 0$ であるから，系の熱量の授受は系のエンタルピーの変化に等しい．

▌**熱力学第 2 法則** 図 2.16 において，ある系の状態変化について考える．この系に，次の式で定義される**エントロピー** (entropy) S を導入する．

$$S \equiv \int \frac{d'Q}{T} \tag{2.30}$$

ここで T は温度である．S の微小変化量は，次のようになる．

$$dS = \frac{d'Q}{T}$$

(2.30) 式の積分経路は可逆過程に沿ったものであり，また，微分形における熱量は可逆過程によるものとする．T は熱源の温度であるが，可逆過程であればこれは系の温度に等しい．繰り返しになるが，準静的過程は可逆過程である．系のある状態 A にお

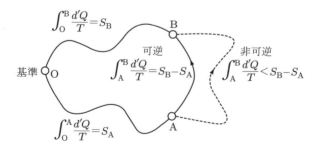

図 2.16 エントロピー

けるエントロピー S_A は，ある状態 O を基準として，$S_A = \int_O^A \frac{d'Q}{T}$ となる．同様に，$S_B = \int_O^B \frac{d'Q}{T}$ である．このとき，経路 OA あるいは OB はもちろん可逆過程に対応したものである．基準の状態として普通は絶対零度を用いる．さて，状態 B と状態 A におけるエントロピーの差は $S_B - S_A$ であるが，これは $\int_A^B \frac{d'Q}{T}$ に等しいのであろうか．答えは，

$$\text{経路 AB が可逆過程の場合:} \quad S_B - S_A = \int_A^B \frac{d'Q}{T}$$

$$\text{経路 AB が非可逆過程の場合:} \quad S_B - S_A > \int_A^B \frac{d'Q}{T}$$

である．これを微分形で書くと，

$$dS \geq \frac{d'Q}{T} \tag{2.31}$$

である（等号は可逆過程のときだけ）．系として外界と熱の出入りのない断熱系を考えると，$d'Q = 0$ であるから $dS \geq 0$ となる．すなわち，断熱系の状態変化においてエントロピーは減少することはない．これが，熱力学第 2 法則である．また，エントロピー増大の法則ともいう．

歴史的には，熱力学第 2 法則は他の言い方でも表現されている．

- クラウジウス (Clausius) の原理： どのような手段によっても，他のなにものにも変化を与えずに熱を低温から高温へ移すことはできない．
- トムソン (Thomson) の原理： 熱源を冷やしてそれに相当する正の仕事を取り出せるような繰り返し過程を行う装置は存在しない．

これらは，エントロピー増大の法則と等価な表現である．

■ **状態量** 系の状態が変化する場合，その値が変化の経路によらず，最初と最後の状態だけで決まる場合を状態量といい，

$$U, P, V, T, S$$

が該当する．一方，状態量でないものは，

$$Q, W$$

であり，これらの微小量を表す場合には d' を用いる．これは数学的には完全微分に対応しないことを意味する．

サイクル 図 2.15 において，準静的過程によりピストンが動くとき，系である気体がする仕事を考える．図 2.17 の圧力 P-体積 V 平面において，ⓐに示すように，系の圧力 P が変化しながらその体積が V_1 から V_2 に増加したとすると，系のした仕事は，

$$W = \int_{V_1}^{V_2} P(V)\, dV \tag{2.32}$$

と表され，今の場合は $W > 0$ となるので，系が外に対して仕事をしたことになる．また W は P–V 平面における斜線部の面積に対応する．次に，ⓑのような変化の場合は，

$$W = \int_{V_2}^{V_1} P(V)\, dV < 0$$

であるから，系は外部から仕事をされたことになる．

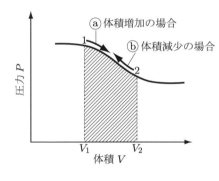

図 2.17　気体のする仕事

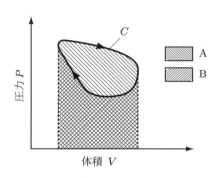

図 2.18　サイクルにおける仕事

系の状態がある変化をしたあと最初の状態に戻った場合は，P–V 平面上での変化は閉曲線になる．これをサイクル (cycle) とよぶ．サイクルにおいて，系が外部にする仕事は，

$$W = \oint_C P\, dV \tag{2.33}$$

と表される．積分はサイクルの P–V 平面上の閉曲線 C に沿って 1 周するものである．W は，図 2.18 において，領域 A と領域 B の面積の差になり，

　　　サイクルが右回りなら　　$W = $ 領域 A $-$ 領域 B > 0
　　　左回りなら　　　　　　　$W = $ 領域 B $-$ 領域 A < 0

となって，W は経路によって異なる．しかし，1 周ののちには系はもとの状態に戻るので，系の内部エネルギーの変化は 0 である．よって，$0 = U_2 - U_1 = Q - W$ であ

るから Q も経路によって異ならなければならない．すなわち，W も Q も状態量ではないことが確かめられる．

■ **理想気体の状態変化**　理想気体 1 mol について，次の法則が成り立つ．

- $PV = RT$:　　　　　　　ボイル–シャール (Boyle–Charles) の法則
- $\left(\dfrac{\partial U}{\partial V}\right)_{T=\text{const.}} = 0$:　　　　　ジュール–トムソンの法則 (2.34)
- C_P（定圧比熱）は T に依存しない：ルニョー (Regnault) の法則

ここで，R は気体定数である．三つの変数，P, V, T のうち，二つが決まれば他の一つはボイル–シャールの法則から決まるので，独立な変数は二つである．今，U を次のように表す．

$$U = U(P, V, T) = U(T, V)$$

U の微小変化をとり，ジュール–トムソンの法則を適用すると，

$$dU = \left(\frac{\partial U}{\partial T}\right)_V dT + \left(\frac{\partial U}{\partial V}\right)_T dV = C_V\, dT \tag{2.35}$$

となる．ここで，C_V は定積比熱である．この式によると，内部エネルギーは T のみで決まり，

$$U = C_V T + \text{const.}$$

である．

理想気体の準静的変化を表す式は，次のようになる．

等温変化：　$PV = \text{const.}$

断熱変化：　$PV^\gamma = \text{const.}$　$\left(\gamma = \dfrac{C_P}{C_V} \text{：比熱比}\right)$ (2.36)

2.2.4 ● カルノーサイクル

熱を仕事に変える機構を熱機関という．理想気体の系が，高温熱源 T_1 と低温熱源 T_2 の二つの熱源と熱量のやりとりをしながら，可逆過程からなるサイクルを描く場合を考える（図 2.19 (a)）．これは理想的な熱機関であり，カルノー (Carnot) によって最初に考えられたので**カルノーサイクル**という．理想気体 1 mol の，温度 T_1 と T_2 での等温変化と二つの断熱変化とを表す状態変化の曲線を図 2.19 (b) の P–V 平面上に示す．

各曲線の交点を状態 1, 2, 3, 4 とし，これらの点を各曲線に沿って結んだ閉曲線か

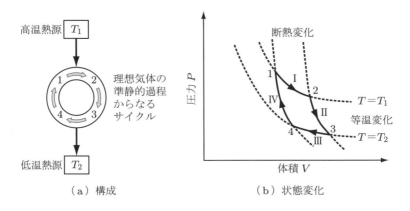

図 2.19 カルノーサイクル

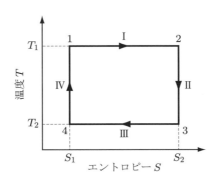

図 2.20 T–S 平面上でのカルノーサイクル

らなるサイクルを考え，状態変化の経路を I，II，III，IV と名前をつける．経路 I は温度 T_1 の**等温膨張**，経路 II は**断熱膨張**である．経路 III は温度 T_2 の**等温圧縮**であり，経路 IV は，**断熱圧縮**になる．

このカルノーサイクルを T–S 平面上に描いてみると**図 2.20**のようになる．すなわち経路 I や III では温度一定なので，T–S 平面上では水平線になり，経路 II や IV では断熱なのでエントロピーの変化がなく，垂直線になる．$dU = d'Q - d'W$ において，等温変化の場合 $dU = 0$ であること，断熱変化の場合 $d'Q = 0$ であることに注意すると，

$$\left.\begin{aligned}
W_{\mathrm{I}} &= Q_{\mathrm{I}} = \int_1^2 d'Q = \int_1^2 T_1\,dS = T_1(S_2 - S_1) \\
W_{\mathrm{II}} &= -(U_3 - U_2) = C_V(T_1 - T_2) \\
W_{\mathrm{III}} &= Q_{\mathrm{III}} = \int_3^4 d'Q = T_2(S_1 - S_2) \\
W_{\mathrm{IV}} &= -(U_1 - U_4) = C_V(T_2 - T_1)
\end{aligned}\right\} \quad (2.37)$$

のように，簡単に各経路の仕事や熱量の出入りを求めることができる．P–V 平面上では，サイクルにおいて系が外部に対してなした仕事は，サイクルを作る閉曲線が囲む面積であった．T–S 平面上では，サイクルにおける仕事は，

$$\sum_i W_i = T_1(S_2 - S_1) + T_2(S_1 - S_2) = (T_1 - T_2)(S_2 - S_1)$$

となるので，やはり，サイクルの閉曲線が囲む面積である．

サイクルの効率は，

$$\eta = \frac{\sum_i W_i}{Q_{\mathrm{I}}} = \frac{(T_1 - T_2)(S_2 - S_1)}{T_1(S_2 - S_1)} = 1 - \frac{T_2}{T_1} \quad (2.38)$$

のように導出され，これをカルノー効率という．どのような過程を用いる場合でも，熱源が同じなら，全ての可逆熱機関の効率はこのカルノー効率に等しい．また，非可逆過程を含む熱機関の効率はカルノー効率より小さい．

2.2.5 ■ 蒸気の性質

現実の気体は，理想気体とは異なり，図 2.21 のような P–V 曲線を描く．温度 T を一定に保ち，気体の状態（V が大きいところ）から圧力を上げてゆくと，やがて気体は液化を始め，しばらくは気体と液体が共存する飽和状態を保つ．飽和状態では圧力は一定のままである．やがて全てが液体になると圧力を上げても体積はあまり減少せず，曲線は垂直に近い形状になる．液化が始まる点を飽和蒸気，全て液体になる点を飽和液という．温度を上げて同じことを行うと，P–V 曲線は上にずれ，飽和状態における圧力は高くなる．このように，飽和蒸気や飽和液の状態を示す点は温度とともに変化するので，それをつらねた線を，それぞれ，飽和蒸気線および飽和液線という．温度をさらに上げていくと，飽和蒸気線と飽和液線は同じ点に達する．これを臨界点といい，P–V 曲線が臨界点を通る場合の温度を臨界温度 T_C，臨界点での圧力を臨界圧力 P_C とよぶ．

臨界温度より高い温度において，圧力を変化させた場合は気体と液体の区別はなくなる．水の場合，$T_\mathrm{C} = 647\,\mathrm{K}$，$P_\mathrm{C} = 22.1\,\mathrm{MPa}$ である．さらに高温の場合には理想

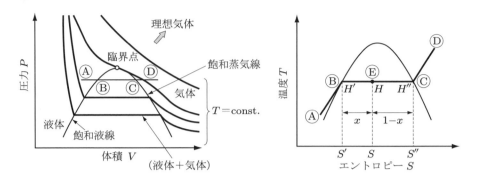

図 2.21　P–V 平面上における等温変化曲線　　図 2.22　T–S 平面上での等圧変化

気体の状態に近い．

　図 2.21 の飽和液腺と飽和蒸気線を T–S 平面上に描くと図 2.22 のようにほぼ同じ形になる．一方，P–V 平面上で圧力一定のもとに液体を加熱していった場合の直線Ⓐ–Ⓓは，T–S 平面上では曲線Ⓐ–Ⓓのようになる．すなわち，点Ⓑで蒸発が始まり圧力も温度も一定のまま飽和液から飽和蒸気まで飽和状態が続き，点Ⓒで全て蒸気になったあとは温度が上昇していき点Ⓓとなる．ⒷⒸ間の気液混合状態のある点Ⓔにおける状態を表すのに乾き度 x，あるいは湿り度 $1-x$ を用いる．ここに x は，ⒷⒸ間を 1 としたときのⒷⒺ間の距離である．点Ⓑのエンタルピーとエントロピーをそれぞれ H', S' とし，点Ⓒのそれらを H'', S'' とすると，点Ⓔでは，

$$H = H''x + H'(1-x) = H' + (H''-H')x = H' + \Lambda x$$
$$S = S' + (S''-S')x = S' + x\int_{\mathrm{B}}^{\mathrm{C}}\frac{d'Q}{T} = S' + x\frac{\Lambda}{T} \tag{2.39}$$

となる．第 1 式において，ⒷⒸ間は等圧力であるので，$H'' - H'$ はⒷⒸ間で加えた熱量に等しく，それは蒸発熱である潜熱 (latent heat) Λ である．

2.2.6 ■ ランキンサイクルと汽力発電

　熱機関の作動流体として水を用い，図 2.23 のようなサイクルを描かせて外部に仕事をさせる場合を**ランキンサイクル** (Rankine cycle) といい，これを用いる火力発電を汽力発電とよぶ．汽力発電は図 2.24 に示すように，ボイラ，ボイラ中の**過熱器**，蒸気タービン，復水器，および給水ポンプから構成されている．

　図 2.23 における各状態を表す点 1 から 5 と，図 2.24 における数字の場所とが対応している．ボイラの入口での水は状態 2 にあり，ボイラ中で加熱され，乾き度 1 の**飽和蒸気**である状態 3 を経てさらに温度を上げ過熱蒸気となって状態 4 になる．この

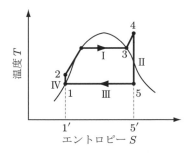
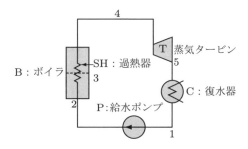

図 2.23　ランキンサイクルの T–S 線図　　図 2.24　汽力発電の構成要素

蒸気が蒸気タービンに導入され断熱膨張してタービンに仕事をし，自身は湿り蒸気となって状態 5 になる．これが復水器で冷却され飽和水に戻った状態が 1 である．給水ポンプにより加圧されて再びボイラの入口の状態 2 になりサイクルを描く．ここで，$2 \to 3 \to 4$ の経路 I は等圧変化，$5 \to 1$ の経路 III は等温等圧変化，$4 \to 5$ の経路 II は断熱膨張，$1 \to 2$ の経路 IV は断熱圧縮である．ここで，各経路は準静的過程と仮定する．また，状態 i での状態量を添え字 i をつけて表す．経路 I で系（作動流体）が吸収した熱量は，この経路の圧力を P_I として，

$$Q_I = \Delta U + P_I \Delta V = U_4 - U_2 + P_I(V_4 - V_2) = H_4 - H_2 \tag{2.40}$$

である．このような途中の計算をしなくても，等圧過程であるからエンタルピーの変化が熱量である．経路 III で系が吸収した熱量は，

$$Q_{III} = H_1 - H_5 \tag{2.41}$$

となる．この値は負である．さて，系が外に対してした仕事は，エネルギー保存則より，

$$W = Q_I + Q_{III} \tag{2.42}$$

であり，効率は $\eta = \dfrac{W}{Q_I}$ で定義されるから，(2.40) 式から (2.42) 式を使って，

$$\eta \simeq \frac{H_4 - H_5}{H_4 - H_2} \tag{2.43}$$

となる．ここで，$H_2 - H_1 \ll H_4 - H_5$ なので，$H_2 - H_1$ を無視している．

また，サイクルの仕事は図 2.23 の閉曲線の囲む面積である，という点に着目すると，まず，1-2-3-4-5-5'-1'-1 の面積は

$$A_1 = \int_2^4 T\,dS = \int_2^4 d'Q = H_4 - H_2$$

であり，1-5-5'-1'-1 の面積は

$$A_2 = \int_1^5 T\,dS = \int_1^5 d'Q = H_5 - H_1$$

となる．よって効率は，前と同様の近似を使って，

$$\eta = \frac{A_1 - A_2}{A_1} \simeq \frac{H_4 - H_5}{H_4 - H_2}$$

と表され，前の (2.43) 式の結果と一致する†．

例題 2.5

図 2.25 はある汽力発電のランキンサイクルの T–S 線図を表している．このサイクルに対応する P–V 線図を描き，その中に図 2.25 の各状態に対応する位置に同じ番号を記入せよ．

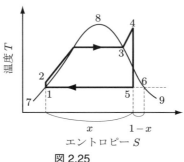

図 2.25

解答

図 2.26 に示すように，$1 \to 2$ の断熱圧縮は体積はほとんど変化せずに圧力が増大する．$2 \to 3 \to 4$ は等圧での加熱であるので P–V 線図上では水平線になる．$4 \to 5$ は断熱変化であり，$5 \to 1$ は等温等圧での変化であるから再び水平線になる．

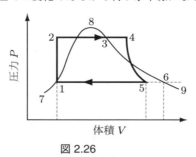

図 2.26

例題 2.6

図 2.25 のランキンサイクルの T–S 線図において，$H_1 = 125\,\mathrm{kJ/kg}$,

---

† より厳密には流れ系としての解析を適用する必要がある．

$H_4 = 3.14\,\mathrm{MJ/kg}$, $S_1 = 0.42\,\mathrm{kJ/(kg \cdot K)}$, $S_4 = 6.52\,\mathrm{kJ/(kg \cdot K)}$, $S_6 = 8.49\,\mathrm{kJ/(kg \cdot K)}$, 潜熱 $\varLambda = 2.43\,\mathrm{MJ/kg}$ である. サイクルの効率を求めよ.

解答

状態 5 の乾き度を x とすると, $S_5 = xS_6 + (1-x)S_1$ から, $x = \dfrac{S_5 - S_1}{S_6 - S_1}$ を得るので, $S_5 = S_4$ を考慮して, $x = \dfrac{6.52 - 0.42}{8.49 - 0.42} = 0.756$ となる.
$H_5 = xH_6 + (1-x)H_1 = H_1 + x(H_6 - H_1) = H_1 + x\varLambda$ であるから,

$$H_5 = 125 + 0.756 \times 2.43 \times 10^3 = 1{,}962$$

これをランキンサイクルの効率の式に代入して,

$$\eta = \frac{H_4 - H_5}{H_4 - H_2} \simeq \frac{H_4 - H_5}{H_4 - H_1} = \frac{3.14 \times 10^3 - 1{,}962}{3.14 \times 10^3 - 125} \simeq 0.39$$

を得る.

ランキンサイクルの効率を向上させるためには, 次のような方法がある.

- **再熱サイクル**: 蒸気タービンで途中まで断熱膨張し, 温度の低下した蒸気を過熱器（狭い意味では再熱器（RH）とよぶ）に送り, 温度を上昇させて後段の蒸気タービンに供給する.
- **再生サイクル**: 蒸気タービン中で断熱膨張中の蒸気の一部を取り出し（**抽気**）, **給水加熱器**に送りボイラへ入る前の給水の温度を上昇させる.
- **再熱再生サイクル**: 再熱サイクルと再生サイクルを組み合わせたものである. 図 2.27 はこの構成図を示している.

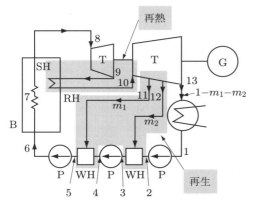
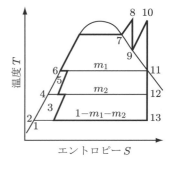

(a) 構成図 (B:ボイラ, G:発電機, P:ポンプ, RH:再熱器, SH:過熱器, T:タービン, WH:給水加熱器)

(b) T-S 線図

図 2.27 再熱再生サイクル (m_1, m_2 は抽気の割合を表す)

2.2.7 ● 汽力発電所の設備と効率

■ **ボイラ**　ボイラは図2.28のように，**バーナー**，**蒸発管**，**過熱器**，**節炭器**などから構成され，細管の中を流れる加圧された水が過熱蒸気になり出ていく．燃焼ガスはCO_2とともに様々な塵埃や化合物を含むので，排出の前に処理装置へ送られる．

自然循環ボイラは蒸発管と**降水管**中の水の比重差によって水を循環させ，均一に加熱しながら**汽水ドラム**で蒸気を分離する．臨界圧力に近づくと比重差が小さくなるので，ポンプにより循環させる**強制循環ボイラ**が用いられる．さらに臨界から超臨界の高圧力では，汽水ドラムのない**貫流ボイラ**が用いられる．図2.29に貫流ボイラの外観

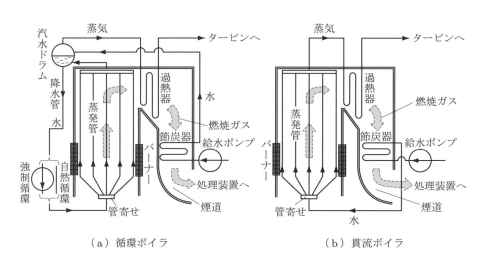

図 2.28　ボイラの構造

図 2.29　貫流ボイラ外観（関西電力海南発電所）

を示す．

　燃焼ガスは**図2.28**の煙道に沿って流れ，節炭器で給水をあらかじめ加熱するとともに，煙道の先の**空気予熱器**で排ガスの余熱を利用して供給空気を予熱する．

▍**蒸気タービン**　蒸気タービンは軸に取り付けられた回転する動翼と蒸気の流れを導く固定翼からなり，蒸気の動翼に対する作用により，衝動タービンと反動タービンに分類される．

　水車と同様，衝動タービンは蒸気の速度水頭の衝撃力を用い，反動タービンは蒸気の圧力水頭と速度水頭による力を用いてタービン翼を回転させるものである．衝動タービンでは，**図2.30**（a）に示すように，蒸気はノズル内で膨張し，その圧力が低下することにより高い速度を得て，タービン動翼に吹き付けて衝撃力を与える．ノズルと動翼の組が多段に連結されており，蒸気は圧力を段階的に減じながら動翼に衝撃力を伝達していく．

　一方，**図2.30**（b）の反動タービンでは，固定翼と動翼が交互に配置され，入口ノズルを出た蒸気は各空間に充満して流れ，徐々に圧力を減少していく．固定翼内での圧力減少により速度を増して動翼に流れ，動翼に対して仕事をし，圧力が減少する．

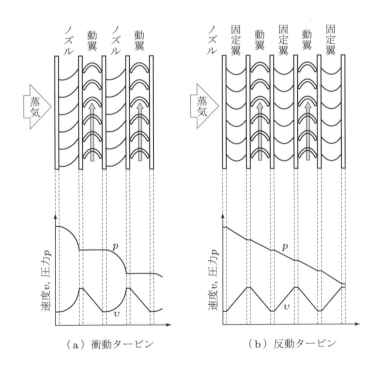

図2.30　タービン構造図

図 2.31 低圧蒸気タービンの翼(左の二つ)と高圧蒸気タービン(右)（関西電力舞鶴発電所）

図 2.31 は 1,000 MW クラスの蒸気タービンの外観を示している．左側に低圧蒸気タービンの翼が 2 組，右側に高圧蒸気タービンがみえる．蒸気タービンへ供給される蒸気は ~ 24 MPa, $\sim 600°C$ に達するものもある．

■ **復水器** 蒸気タービン駆動後の圧力と温度が低下した蒸気は復水器に送られ，ここで海水などの冷却水により熱交換で冷却され，水に戻る．このとき蒸気タービンからみた復水器の圧力は大気圧以下に低下しており（これを真空と表現する），この圧力が低いほどタービンの効率が上がる．

■ **排気ガスなどの処理** ボイラにおいて燃焼後の排気は，以下の装置により処理される．

- 脱硝装置

  排気ガスにアンモニア (NH_3) を加え，**触媒反応装置**に送ると，

$$\left.\begin{array}{l} 4NO + 4NH_3 + O_2 \to 4N_2 + 6H_2O \\ 2NO_2 + 4NH_3 + O_2 \to 3N_2 + 6H_2O \end{array}\right\} \quad (2.44)$$

  などの反応により，NO_X が除かれる．NO_X の発生を減らすには，ボイラの酸素濃度を低く，燃焼温度を低くすると効果があり，このために排気ガス混合法が用いられる場合がある．

- 脱硫装置

  排気ガスと石灰石を反応させると，排気ガス中の硫黄分は，

$$\left.\begin{array}{l} SO_2 + CaCO_3 + \frac{1}{2}H_2O \to CaSO_3 \cdot \frac{1}{2}H_2O + CO_2 \\ CaSO_3 \cdot \frac{1}{2}H_2O + \frac{1}{2}O_2 + \frac{3}{2}H_2O \to CaSO_4 \cdot 2H_2O \end{array}\right\} \quad (2.45)$$

  のように変化し，SO_X が取り除かれて，最終的に石こうが生産される．

● 集塵装置

　塵埃を含んだ排気ガスを電気集塵器に通す．集塵器の中は負の高電圧を印加した針金の列と接地電位の金属板が対向しており，針金付近はコロナ放電により荷電粒子が発生している．対向電極の間を流れてきた排気ガスの塵埃には電子が付着して負に帯電し，その結果，相対的に正の電圧の金属板に捕集される．

汽力発電の効率　図2.32において，燃料の供給量を G_f [kg/h]，発熱量を Q_l [kJ/kg]，エンタルピーを H_1 [kJ/kg] とし，ボイラの過熱蒸気の供給量を W [kg/h]，エンタルピーを H_2 [kJ/kg] とする．さらに，タービンの軸出力を P_T [kW]，復水器への湿り蒸気のエンタルピーを H_3 [kJ/kg]，発電機の効率と出力をそれぞれ η_G, P_G [kW] とする．

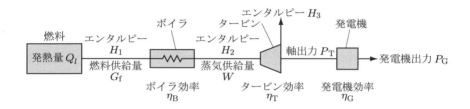

図 2.32　効率などの定義

ボイラ効率は
$$\eta_B = \frac{W(H_2 - H_1)}{G_f Q_l} \tag{2.46}$$
タービン効率は
$$\eta_T = \frac{P_T \times 3{,}600}{W(H_2 - H_3)} \tag{2.47}$$
で与えられる．また，熱効率は
$$\eta_P = \frac{P_G \times 3{,}600}{G_f Q_l} \tag{2.48}$$
である．

例題 2.7

320 t/h の蒸気を使うタービンの出力が 75,000 kW であり，タービン入口の蒸気のエンタルピーは 3.4 MJ/kg，復水器入口の蒸気のエンタルピーは 2.3 MJ/kg であるとする．このときのタービン効率はいくらか．

解答

(2.47) 式により，$\eta_\mathrm{T} = \dfrac{75 \times 10^3 \times 3{,}600}{320 \times 10^3 \times (3.4 \times 10^3 - 2.3 \times 10^3)} \simeq 0.77$ となる．

例題 2.8

300 MW の定常電気出力をもつ火力発電所で，重油の消費量は 1 日あたり 1.6×10^3 kL である．重油の発熱量を 42 MJ/L として (1) 熱効率を求めよ．このとき (2) 1 kWh の発電に必要な重油の量は何 L か．また，比重 0.87 の重油の成分を，重量比で C が 85%，H が 15% とすると，(3) この火力発電所の 1 日の CO_2 排出量はどれだけか．

解答

(1) (2.48) 式より，$\eta_\mathrm{P} = \dfrac{300 \times 10^3 \times 3{,}600 \times 24}{1.6 \times 10^3 \times 10^3 \times 42 \times 10^3} \simeq 0.39$ となる．

(2) この効率において，1 kWh の発電に必要な重油の量は，

$$G_\mathrm{f} = \frac{P_\mathrm{G} \times 3{,}600}{Q_l \eta_\mathrm{P}} = \frac{1 \times 3{,}600}{42 \times 10^3 \times 0.39} \simeq 0.22 \,\mathrm{L}\ \text{である．}$$

(3) CO_2 排出量は，

$$1.6 \times 10^6 \times 0.87 \times 0.85 \times \frac{44}{12} \simeq 4.3 \times 10^6 \,\mathrm{kg},$$

すなわち，1 日あたり 4,300 t となる．

2.2.8 ガスタービン発電

ガスタービン (gas turbine) 発電では図 2.33 のように，空気を**圧縮機**で圧縮し**燃焼器**で燃料ガスと混合して燃焼させ，その高温高圧の燃焼ガスをガスタービンに作用させ

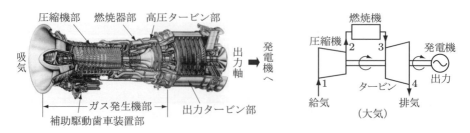

(a) ガスタービン原動機の構造
（関西電力関西国際空港エネルギーセンター）

(b) ガスタービン発電の構成

図 2.33　ガスタービン発電

て発電機を回転させる．ガスタービンからの排気を熱交換器で冷却して給気に戻す**クローズドサイクル**と，大気に放出する**オープンサイクル**（図 2.33（b））がある．

サイクルの基本は図 2.34 に示す**ブレイトンサイクル** (Brayton cycle) であり，圧縮機でのⅠ：断熱圧縮，燃焼器でのⅡ：等圧加熱（圧力 P_II），タービンでのⅢ：断熱膨張，およびⅣ：等圧冷却（圧力 P_IV）からなる．経路Ⅱにおいて系が吸収した熱量は

$$Q_\text{II} = U_3 - U_2 + P_\text{II}(V_3 - V_2)$$
$$= C_V(T_3 - T_2) + R(T_3 - T_2) \tag{2.49}$$

であり，経路Ⅳで吸収した熱量は

$$Q_\text{IV} = U_1 - U_4 + P_\text{IV}(V_1 - V_4) = C_V(T_1 - T_4) + R(T_1 - T_4)$$

である．この値は負である．したがってこのサイクルの効率は，次のようになる．

$$\eta = \frac{Q_\text{II} + Q_\text{IV}}{Q_\text{II}} = 1 - \frac{T_4 - T_1}{T_3 - T_2} \tag{2.50}$$

一般に，$T_3 \sim 1{,}300\,\text{K}$，$T_4 \sim 750\,\text{K}$ であり，η は 20%台の数値となる．しかし，構造が簡単で小型のものも容易に製作できるので，ビル用や家庭用のガスタービン発電設備が普及し始めている．

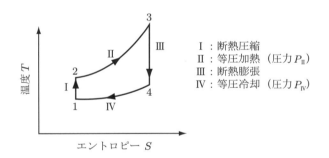

図 2.34 ブレイトンサイクルの T–S 線図

2.2.9 ● コンバインドサイクル発電

コンバインドサイクル (combined cycle) 発電あるいは複合サイクル発電とは，複数の発電サイクルを直列に組み合わせてシステムを構成するもので，単独で動作させるよりも効率の増大が期待できる．

簡単のために二つのプラントを直列に配置した図 2.35 のプラントを考える．プラ

ントAの熱入力を Q_1, 効率を η_1 とすると，出力は $W_1 = \eta_1 Q_1$ である．同様にプラントBの熱入力，すなわちプラントAの熱放出を Q_2, 効率を η_2 とすると，出力は $W_2 = \eta_2 Q_2$ である．また，プラントBの熱放出を Q_3 とすると，$W_1 = Q_1 - Q_2$, $W_2 = Q_2 - Q_3$ である．これらの式から，このプラント全体の効率は，次のようになる．

$$\eta = \frac{W_1 + W_2}{Q_1} = \frac{1}{Q_1}\left[\eta_1 Q_1 + \eta_2 (Q_1 - W_1)\right]$$
$$= \eta_1 + \eta_2 - \eta_1 \eta_2 \tag{2.51}$$

この場合，プラントAは上段でトッピングサイクルあるいはトッパーといい，プラントBは下段でボトミングサイクルという．トッパーにガスタービンを用い，ボトミングサイクルに蒸気タービンを用いたとすると，図 2.35 においてプラントAの Q_1 はLNGなどのガスの燃焼熱，W_1 はガスタービン出力，Q_2 は燃焼後の廃熱に対応する．ガスタービンの排気温度は非常に高いので，プラントBの蒸気発生の熱源として適している．各プラントの効率を $\eta_1 \sim 20\%$, $\eta_2 \sim 40\%$ と低めに見積もっても，$\eta \sim 52\%$

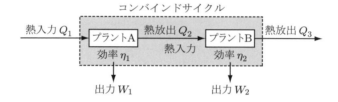

図 2.35　二つのプラントのコンバインドサイクル

図 2.36　コンバインドサイクル発電所（関西電力姫路第一発電所）

と効率が大きく改善する．

図 2.36 はガスタービン発電と蒸気タービン発電を組み合わせたコンバインドサイクル発電所の例である．高温燃焼ガスタービンと再熱方式を採用することにより，熱効率 54%（低位発熱量基準）を達成している．

2.3 ▮ 原子力発電 ▮

2.3.1 ▮ 原子エネルギーと核燃料

原子は**原子核**とその周りを回る**電子**から構成され，原子核は**陽子** (p: proton) と**中性子** (n: neutron) から成り立っている（図 2.37）．ある原子の**原子番号**を Z，**質量数**を A とすると，陽子の数は Z 個，中性子の数は $A - Z$ 個であり，電子の数はもちろん Z 個である．

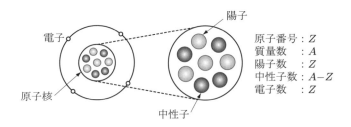

図 2.37　原子の構造

原子の質量は，質量数 12 の炭素の同位体 ^{12}C の質量の 1/12 を 1 原子質量単位 (1 u) として表すことがある．したがって，

$$1\,\mathrm{u} = 1.660 \times 10^{-27}\,\mathrm{kg} \tag{2.52}$$

である．陽子，中性子の質量はともにほぼ 1 u である．また，必要な場合は，質量数を**元素記号**の左肩に書く．

原子番号 Z，質量数 A の原子の原子核を構成する陽子と中性子の個々の質量の和は

$$M_\mathrm{d} = Z M_\mathrm{p} + (A - Z) M_\mathrm{n}$$

である．ここで，M_p と M_n はそれぞれ，陽子と中性子の質量である．通常この値は，この原子核の質量 M とは一致せず，$M < M_\mathrm{d}$ となる．

$$\Delta M = M_\mathrm{d} - M$$

を**質量欠損**という．**アインシュタイン** (Einstein) のエネルギーと質量の関係式を用いると，

$$\Delta E = \Delta M c^2 = 1.66 \times 10^{-27} \Delta m \cdot (3.0 \times 10^8)^2 \text{ [J]} \simeq 9.31 \times 10^8 \Delta m \text{ [eV]}$$

となる†．ここで Δm は原子質量単位で表した質量欠損である．この質量欠損は核子の結合エネルギーに対応している．核子1個あたりの結合エネルギーは

$$E_\mathrm{B} = \frac{\Delta E}{A} = \frac{931 \Delta m}{A} \text{ [MeV]} \tag{2.53}$$

となる．E_B の値を各原子についてグラフにしたものが**図 2.38** である．

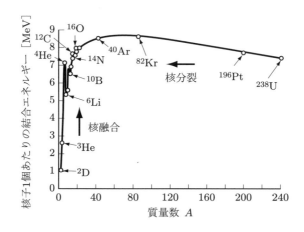

図 2.38 核子1個あたりの結合エネルギー

図 2.38 より，E_B の小さな原子核が E_B の大きな原子核に変わるとき，その差に相当する余分なエネルギーが放出されることがわかる．原子核どうしが反応して別の原子核になる反応には次の種類がある．

---

† $1 \text{ eV} = 1.602 \times 10^{-19}$ J

軽い原子核が結合して重い原子核になる場合が**核融合** (nuclear fusion)，重い原子核が二つ（以上）に分かれる場合が**核分裂** (nuclear fission) である．核融合では，

$$^2\mathrm{D} + {}^3\mathrm{T} \to {}^4\mathrm{He} + \mathrm{n} + 17.6\,\mathrm{MeV} \\ ^2\mathrm{D} + {}^3\mathrm{He} \to {}^4\mathrm{He} + \mathrm{p} + 18.3\,\mathrm{MeV} \tag{2.54}$$

核分裂では，

$$^{235}\mathrm{U} + \mathrm{n} \to \mathrm{A} + \mathrm{B} + \sim 2\mathrm{n} + \sim 200\,\mathrm{MeV} \\ ^{239}\mathrm{Pu} + \mathrm{n} \to \mathrm{A} + \mathrm{B} + \sim 3\mathrm{n} + \sim 210\,\mathrm{MeV} \tag{2.55}$$

などがあり，それぞれ最後の項のエネルギーを放出する．ここで，D は重水素，T は3重水素，A と B は**核分裂生成物**である．このうち，核分裂によるエネルギーを利用するものが原子力発電である．

原子力発電では $^{235}\mathrm{U}$ の核分裂を利用するが，これは**天然ウラン**の中に約 0.7% しか含まれていない．この含有量を 2～4% にまで高めたものを**低濃縮ウラン**といい，これが**核燃料**となる．

例題 2.9

$^{235}\mathrm{U}$ 1g は，重油のエネルギーに換算すると何 L に相当するか求めよ．ただし，$^{235}\mathrm{U}$ の質量欠損を 0.09%，重油の発熱量を 42 MJ/L とする．

解答

質量欠損によるエネルギーは，
$$E = mc^2 = 1 \times 10^{-3} \times \frac{0.09}{100} \times (3.0 \times 10^8)^2 = 8.1 \times 10^{10}\,\mathrm{J}$$
である．これに相当する重油の体積を L とすると，
$$L \times 42 \times 10^6 \simeq 8.1 \times 10^{10} \quad \text{だから} \quad L \simeq 2{,}000\,\mathrm{L} \text{ となる．}$$

2.3.2 ■ 原子力発電所の構成

原子力発電 (nuclear power generation) は核分裂性燃料を**原子炉**で反応させ，発生した中性子や分裂片の運動エネルギーを熱エネルギーに変換して汽力発電を行うもので，その概略を図 2.39 に示す．

核燃料は細い金属管におさめられて**燃料棒**に構成され，多数の燃料棒を**原子炉容器**内に装荷しておく．原子炉容器内には水が循環しており，核分裂によって発生したエネルギーにより加熱されて蒸気となる．高温高圧の蒸気は原子炉から配管により蒸気ター

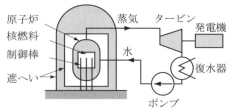

（a）発電所外観（関西電力大飯発電所）　　（b）原子力発電の構成

図 2.39　原子力発電

ビンに導かれ，汽力発電と同じランキンサイクルを構成している．他の型の原子炉では，水を加圧することで，沸騰させることなく高温水として熱エネルギーを取り出す．核分裂反応を調整するために原子炉内に**制御棒**が挿入される．核分裂では**放射性**の核分裂生成物，中性子，各種放射線が放出されるので，それらを外部に出さないための**遮へい**が施されている．

　原子力発電では火力発電に比べて単位体積あたりの発生エネルギーが非常に大きい．一方で燃料棒などに使用温度限界があることや安全性確保のために，蒸気タービンへの蒸気の温度と圧力は火力発電に比べてかなり小さい．このため，原子力発電用蒸気タービンの回転速度は火力発電用の半分である．また，同程度の出力を得るためには蒸気タービンの容積は火力発電用の 2 倍程度必要である．

2.3.3 ■ 反応断面積

　核分裂では重い原子核に中性子が衝突して分裂を引き起こすので，その衝突度合いが問題になる．中性子が相手の原子核に衝突して反応する場合を**図 2.40** を参照して

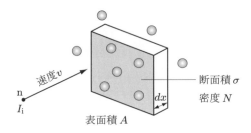

図 2.40　衝突の考え方

考える．単位時間単位面積あたり I_i 個の中性子が，密度 N の重い（動かない）標的原子核に入射するとき，距離 dx 飛行する間に衝突の相互作用を起こす中性子の数を dI_i とする．今，簡単な剛体球衝突と考えると，図 2.40 の表面積 A のうち標的原子核の実効断面積が占める割合だけ入射粒子は先へ進めない．表面積 A，距離 dx の体積内にある断面積 σ の標的原子核の数は $NA\,dx$，A のうちで入射中性子が先へ進めない部分の面積の占める割合は $\dfrac{\sigma NA\,dx}{A}$ となる．したがって，

$$\frac{dI_\mathrm{i}}{I_\mathrm{i}} = -N\sigma\,dx \tag{2.56}$$

である．ここに，マイナス符号は，相互作用により入射中性子が減少することを表している．これを解くと，

$$I_\mathrm{i} = I_\mathrm{i0}\mathrm{e}^{-N\sigma x} \equiv I_\mathrm{i0}\mathrm{e}^{-\frac{x}{\lambda}} \tag{2.57}$$

となり，I_i は距離とともに指数関数的に減少する．距離 $\lambda\ (\equiv (N\sigma)^{-1})$ だけ進むと I_i は $1/\mathrm{e}$ に減少し，残りは全て原子核と衝突の相互作用を起こしたことになる．衝突は σ が大きいほど起こりやすい．この σ を原子核のミクロ断面積，$N\sigma$ をマクロ断面積とよぶ．また，λ は平均自由行程という．λ は衝突から次の衝突までの平均飛行距離である．したがって，速度 v の中性子の衝突時間は λ/v，その逆数である衝突周波数は $\nu = N\sigma v$ である．

衝突の相互作用としては，図 2.41 に示すように，中性子が原子核により散乱 (scatter) されるか，または原子核に吸収 (absorption) されるかに分かれる．吸収された場合は，さらに，中性子が原子核内に捕獲 (capture) されるか，核分裂を引き起こすかに分かれる．これらの反応は，(2.58) 式のようになる．

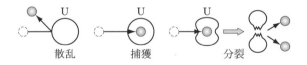

図 2.41 中性子の衝突の種類

$$\begin{aligned}\sigma_\mathrm{total} &= \sigma_\mathrm{scatter} + \sigma_\mathrm{absorption} \Rightarrow \sigma_\mathrm{t} = \sigma_\mathrm{s} + \sigma_\mathrm{a} \\ \sigma_\mathrm{absorption} &= \sigma_\mathrm{capture} + \sigma_\mathrm{fission} \Rightarrow \sigma_\mathrm{a} = \sigma_\mathrm{c} + \sigma_\mathrm{f}\end{aligned} \tag{2.58}$$

また，各 σ の値は衝突する中性子のエネルギーによって変わる．$^{235}\mathrm{U}$ と $^{238}\mathrm{U}$ の σ_c や σ_f の中性子エネルギー依存性を図 2.42 に示す．

中性子のエネルギーによって，約 0.025 eV の**熱中性子**，1,000 eV 以下の低速中性子，1 ～ 500 keV の中速中性子，0.5 MeV 以上の**高速中性子**と分類されている．**図 2.42** によると，^{238}U では中速以下の中性子は捕獲されるだけで核分裂は起こらず，高速中性子の場合に核分裂が生じることがわかる．一方，^{235}U は，中性子のエネルギーが小さいほど核分裂が起こりやすく，しかもその確率は高速中性子による ^{238}U の核分裂の確率に比べて格段に大きい．

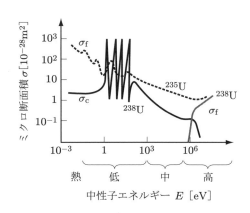

図 2.42　ミクロ断面積（衝突断面積）の中性子エネルギー依存性

2.3.4 ● 原子炉内の反応

原子力発電の原子炉では，^{235}U に熱中性子を衝突させるように設計されている．この反応は次のようである．

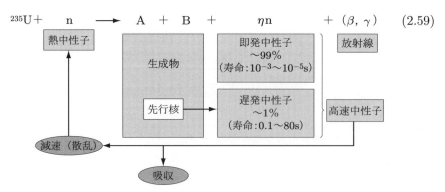

核分裂反応により，様々な質量数をもつ核分裂生成物と $\eta = 2 \sim 3$ 個の中性子，および β 線や γ 線が放出される．これらのエネルギーの和は約 200 MeV である．中性

子は $10^{-3} \sim 10^{-5}$ s の短い時間内に放出されるので即発中性子とよばれる．核分裂生成物 A と B の質量数は $80 \sim 110$ と $125 \sim 150$ の間に分布している．たとえば，^{97}Kr と ^{137}Ba，^{95}Mo と ^{139}La などである．これらは不安定で先行核といい $0.1 \sim 80$ s の間に遅発中性子を放出する．即発中性子と遅発中性子はともに平均 $2\,\text{MeV}$ のエネルギーをもち，高速中性子である．高速中性子では，図 2.42 に示したように，核分裂反応が起きにくく，上の反応が次々と生じない．そこで，これらの高速中性子を減速して熱中性子に変えて ^{235}U に衝突させる．これにより，核分裂反応が持続して引き起こされる連鎖反応が実現する．中性子の減速を行う物質を**減速材**という．

熱中性子 1 個が核分裂を引き起こしたとすると，発生した中性子は様々な要因により増加減少しながら，最終的に k 個の熱中性子になるとする．k 個のうちいくらかは原子炉外に漏れるので，それを除いた k_eff 個の熱中性子が次の核分裂を引き起こすことになる．この k_eff を中性子の実効増倍率という．k_eff の値によって，原子炉の動作が異なり以下のようによぶ．

$$k_\text{eff} \begin{cases} > 1 & \text{臨界超過} \\ = 1 & \text{臨界（定常運転）} \\ < 1 & \text{臨界未満} \end{cases} \tag{2.60}$$

核分裂反応により持続的にエネルギーを取り出すには，原子炉を臨界状態にする必要がある．

2.3.5 ■ 中性子の減速

散乱衝突 高速中性子の減速は，中性子が減速材の原子核に散乱衝突することにより行われる．今，図 2.43 (a) のように，静止した質量 M の原子核に，質量 m の中性子が，速度 $\boldsymbol{v}_\text{s}$（右向き）で衝突するとする．この系の衝突前の重心の速度 $\boldsymbol{v}_\text{c}$ は，$(m+M)\boldsymbol{v}_\text{c} = m\boldsymbol{v}_\text{s} + M \times 0$ より，

$$\boldsymbol{v}_\text{c} = \frac{m\boldsymbol{v}_\text{s}}{m+M} \tag{2.61}$$

で与えられる．弾性衝突後において，重心の速度は変わらず，二つの粒子の相対速度の大きさも変わらない．したがって，この衝突を速度 $\boldsymbol{v}_\text{c}$ で動く系（重心系）でみると，各粒子の衝突後の速度の大きさは，衝突前と変わらず，互いに反対方向に向かう．散乱角が θ の場合，各速度は図 2.43 (b) のようになる．

次に，これをもとの座標系（実験室系）に戻すと，各粒子の衝突後の速度は，重心系の速度に $\boldsymbol{v}_\text{c}$ をベクトル的に加えたものになる．したがって，図 2.43 (c) を参照して，質量 m の中性子の衝突後の速度の大きさを v_f とすると，余弦定理を利用して，

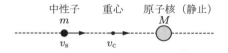

(a) 実験室系（衝突前）

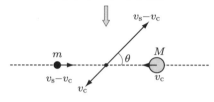

(b) 重心系

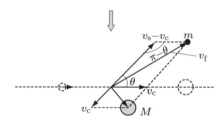

(c) 実験室系（衝突後）

図 2.43　中性子と原子核の衝突

$$v_\mathrm{f}^2 = (v_\mathrm{s} - v_\mathrm{c})^2 + v_\mathrm{c}^2 - 2(v_\mathrm{s} - v_\mathrm{c})v_\mathrm{c}\cos(\pi - \theta)$$

となる．これを整理すると，次のようになる．

$$v_\mathrm{f}^2 = v_\mathrm{s}^2 \frac{m^2 + M^2 + 2mM\cos\theta}{(m+M)^2} \tag{2.62}$$

例題 2.10

(2.62) 式を導出せよ．

解答

v_f を v_s と v_c で表した式の右辺に $\boldsymbol{v}_\mathrm{c} = \dfrac{m\boldsymbol{v}_\mathrm{s}}{m+M}$ を代入すると，

$$v_\mathrm{f}^2 = v_\mathrm{s}^2\left(1 - \frac{m}{m+M}\right)^2 + v_\mathrm{s}^2\left(\frac{m}{m+M}\right)^2 \\ + 2v_\mathrm{s}^2\left(1 - \frac{m}{m+M}\right)\frac{m}{m+M}\cos\theta$$

$$= v_{\mathrm{s}}^2 \frac{(m+M)^2 - 2m(m+M) + m^2 + m^2}{(m+M)^2} + 2v_{\mathrm{s}}^2 \frac{mM}{(m+M)^2} \cos\theta$$

となる．これより，(2.62) 式を得る．

■ **エネルギー対数減衰率**　中性子の衝突前の運動エネルギーに対する衝突後の運動エネルギーの比は，

$$\frac{E_1}{E_0} = \frac{\frac{1}{2}mv_{\mathrm{f}}^2}{\frac{1}{2}mv_{\mathrm{s}}^2} = 1 - s\chi \tag{2.63}$$

となる．ただし，$\chi = \dfrac{1-\cos\theta}{2}\ (0 \leq \chi \leq 1)$, $s = \dfrac{4mM}{(m+M)^2}$ である．したがって，n 回の衝突のあとの運動エネルギーを E_n とすると，

$$\ln \frac{E_n}{E_0} = \ln\left(\frac{E_1}{E_0} \cdot \frac{E_2}{E_1} \cdots \frac{E_n}{E_{n-1}}\right)$$
$$= \sum_{i=1}^{n} \ln \frac{E_i}{E_{i-1}} = \sum_{i=1}^{n} \ln(1 - s\chi_i) \tag{2.64}$$

となる．χ_i は θ の関数であるので，$\ln(1 - s\chi_i)$ を θ について平均する．

仮想球の半径を r としておくと，微小立体角は，図 2.44 のように散乱角が θ の場合は，

$$\frac{r\,d\theta \cdot 2\pi r \sin\theta}{r^2} = 2\pi \sin\theta\,d\theta$$

である．全立体角に対しての平均値は，

$$\text{平均} = \frac{1}{4\pi} \int_0^\pi \ln(1 - s\chi) \cdot 2\pi \sin\theta\,d\theta$$
$$= \int_0^1 \ln(1 - s\chi)\,d\chi \quad \left(\because\quad d\chi = \frac{1}{2}\sin\theta\,d\theta\right)$$

である．この値の符号を反転したものを ξ と定義し，

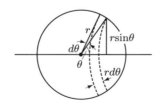

図 2.44　散乱角による平均の計算

$$\xi = -\int_0^1 \ln(1 - s\chi)\, d\chi \tag{2.65}$$

をエネルギー対数減衰率という．計算を進めると，

$$\begin{aligned}
\xi &= \frac{1}{s}\int_0^1 (1 - s\chi)' \ln(1 - s\chi)\, d\chi \\
&= \frac{1}{s}\bigl[(1 - s\chi)\ln(1 - s\chi)\bigr]_0^1 + \int_0^1 d\chi = \frac{1-s}{s}\ln(1-s) + 1 \\
&= 1 + \frac{(M-m)^2}{4mM}\ln\frac{(M-m)^2}{(M+m)^2} = 1 + \frac{(A-1)^2}{2A}\ln\frac{A-1}{A+1}
\end{aligned} \tag{2.66}$$

が得られる．最後の式は，$M/m = A$ とした．

例題 2.11

$\xi = 0.7$ の減速材を使用して，$2\,\mathrm{MeV}$ の高速中性子を $0.025\,\mathrm{eV}$ まで減速して熱中性子にするためには，何回の衝突が必要か．

解答

(2.64) 式と (2.65) 式より，衝突回数を n とすると，

$$\ln\frac{E_n}{E_0} = \sum_{i=1}^n \ln\frac{E_i}{E_{i-1}} = \sum_{i=1}^n \ln(1 - s\chi_i) = n\cdot \overline{\ln(1-s\chi_i)} = n\cdot(-\xi)$$

である．ここで，——は θ に関する平均を表す．よって，次の答を得る．

$$n = \frac{1}{-\xi}\ln\frac{E_n}{E_0} = \frac{1}{0.7}\ln\frac{2\times 10^6}{0.025} \simeq 26\ \text{回}$$

2.3.6 ● 原子炉の動特性と出力

原子炉内の中性子の密度 n の時間変化は，中性子の実効増倍率 k_eff および，即発中性子と遅発中性子の平均寿命 l を用いて，次式で表される．

$$\frac{dn}{dt} = \frac{nk_\mathrm{eff} - n}{l} \tag{2.67}$$

l は即発中性子と遅発中性子の個々の寿命をその発生量で重みづけ平均したもので，$\sim 0.1\,\mathrm{s}$ である．これを解くと，

$$n = n_0\exp\left(\frac{k_\mathrm{eff} - 1}{l}t\right) \equiv n_0 \mathrm{e}^{\frac{t}{\tau}} \tag{2.68}$$

となる．ここで，$n_0 = n(0)$ である．

原子炉の定常状態では，$k_\mathrm{eff} = 1$ であるが，出力上昇中などの過渡状態では $k_\mathrm{eff} > 1$

である．今，かりに $k_{\mathrm{eff}} = 1.004$ とすると，$l \sim 0.1\,\mathrm{s}$ であるので $\tau \sim 23.8\,\mathrm{s}$ となり，$1\,\mathrm{s}$ 後には中性子密度は $n = 1.043 n_0$ に増加する．ここで，もし遅発中性子が存在しなければ，$l \sim 10^{-3}\,\mathrm{s}$ であり $\tau \sim 0.25\,\mathrm{s}$ であって，$1\,\mathrm{s}$ 後には $n = 54.6 n_0$ と急激に増加する．遅発中性子があるために，増加がゆっくりとなり，機械的な操作（すなわち制御棒の出し入れ）で反応の制御が可能となる．

中性子の $^{235}\mathrm{U}$ への核分裂性衝突 1 回につき放出されるエネルギーは，約 $200\,\mathrm{MeV} = 3.2 \times 10^{-11}\,\mathrm{J}$ であるから，原子炉の単位体積あたりの出力は，

$$P = 3.2 \times 10^{-11} \cdot \nu \cdot n = 3.2 \times 10^{-11} \cdot N_{\mathrm{f}} \sigma_{\mathrm{f}} I\ [\mathrm{W/m^3}] \tag{2.69}$$

である．ここで，ν は核分裂性衝突の周波数，N_{f} は燃料原子の密度である．中性子の平均速度を v として，$\nu = N_{\mathrm{f}} \sigma_{\mathrm{f}} v$，$I = nv$ の関係を使っている．

2.3.7 ● 原子炉の構造と原子力発電

原子炉の基本構造　原子力発電に用いる原子炉は図 2.45 に示すような基本構造をもっている．すなわち，$^{235}\mathrm{U}$ などを含む燃料と減速材を交互に配置し，中性子を吸収する材料で作られた可動の制御棒を挿入している．また，発生する熱を外部に取り出すための冷却材を循環させ，これら全体を取り囲む遮へい材で放射性物質や放射線が漏れないようにする．

核分裂性燃料は $^{235}\mathrm{U}$ であるが，天然ウランの組成は $^{235}\mathrm{U}$: $\sim 0.7\%$，$^{238}\mathrm{U}$: $\sim 99.3\%$ であるので，**濃縮操作**により $^{235}\mathrm{U}$ の割合を $2 \sim 4\%$ に高めた低濃縮ウランを燃料とする．濃縮操作には，**ガス拡散法**や**遠心分離法**がある．この低濃縮ウランを $\mathrm{UO_2}$ の酸化物にして，**ペレット**とよばれる直径 $\sim 10\,\mathrm{mm}$，長さ $10 \sim 20\,\mathrm{mm}$ の円筒形のものに加工する．それを縦に並べて燃料棒とし，燃料棒を束ねて燃料集合体とする．この様子を図 2.46 に示す．

軽水を減速材と冷却材に用いる原子炉の形式には，**沸騰水型炉** (Boiling Water Re-

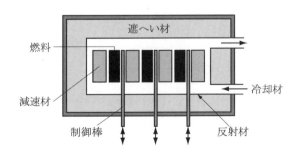

図 2.45　原子炉の構造の概念図

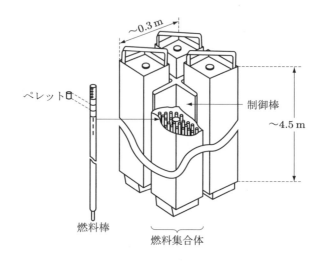

図 2.46 沸騰水型炉の燃料集合体

actor: BWR) と**加圧水型炉** (Pressurized Water Reactor: PWR) があり, 総称して**軽水炉**という. それらの構造を次に示す.

┃ **沸騰水型炉** 図 2.47 に示す BWR では, 炉心の熱で水を加熱・沸騰させ, 炉の上部の**気水分離器**で水蒸気を分離し蒸気出口ノズルから蒸気を蒸気タービンに送る. タービンで仕事をさせ, 復水器で水に戻して, ポンプにより給水入口ノズルから炉心に注入する. また, 再循環系統により炉心内の水を循環させている. 核反応を制御するため

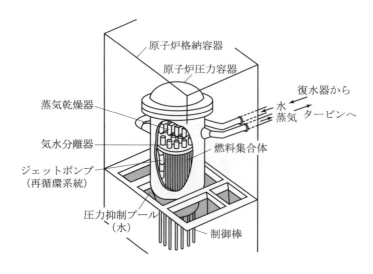

図 2.47 沸騰水型炉の構成

の制御棒は，原子炉圧力容器上部では気水分離器，**蒸気乾燥器**などが設置され構造が複雑になっているため，下部から挿入する．燃料棒は，1 年間の運転後に全体の約 1/4 を交換する．熱機関としては火力発電と同じランキンサイクルを構成しているが，安全性のマージンを大きくするため，蒸気の温度，圧力をそれぞれ，$\sim 570\,\mathrm{K}$，$\sim 7\,\mathrm{MPa}$（出力 $\sim 1{,}300\,\mathrm{MW}$ クラス）と，火力発電より相当小さく設定している．BWR では放射能を帯びた蒸気が蒸気タービンなどを通るため，炉心だけでなく，これらの機器の遮へいも厳重に行う必要がある．

■ **加圧水型炉**　PWR は，冷却水を沸騰させないように炉内を加圧している．図 2.48 に示すように，炉心の熱で加熱された加圧水は，1 次冷却材出口ノズルから熱交換器としての**蒸気発生器**に送られ，2 次冷却水に熱を与えて沸騰させ蒸気を発生させる．温度の低下した 1 次冷却水は**循環ポンプ**で 1 次冷却材入口ノズルから炉心に戻る．1 次冷却水は $\sim 16\,\mathrm{MPa}$，出口温度は $\sim 600\,\mathrm{K}$ である．炉心では制御棒は上部から挿入されている．一方，蒸気となった 2 次冷却水は蒸気タービン，復水器などによりランキンサイクルを形成する．蒸気発生器では，蒸気温度 $\sim 550\,\mathrm{K}$，圧力 $\sim 6\,\mathrm{MPa}$ である．2 次冷却水は炉心を循環しないので放射能対策は BWR よりも容易となる．

軽水炉では，燃料に多く含まれる $^{238}\mathrm{U}$ が中性子を吸収し，

$$^{238}\mathrm{U} + \mathrm{n} \to {}^{239}\mathrm{Pu} \tag{2.70}$$

のように，**プルトニウム** (Pu) に変わる．この Pu は核兵器の材料とみなされることがあり，大量に蓄積することは国際関係上避けねばならない．このため，軽水炉の U

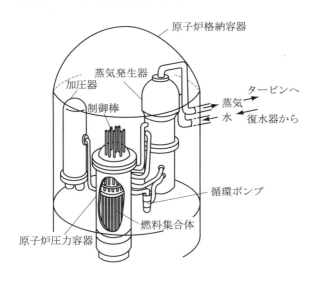

図 2.48　加圧水型炉の構成

燃料にPuを混ぜた燃料を使い余剰のPuを核分裂させて消費する**プルサーマル**計画が進行している．

■ **原子炉の安全防護**　軽水炉では，万一核分裂反応が暴走して出力が増大した場合，軽水の温度が上昇する．これにより軽水の密度が減少し，また蒸発により一部が気体状態になって，中性子の減速効果が低下する．したがって，核分裂反応が抑制され出力は減少する．これを**原子炉固有の安全性**といっている．

原子炉には，異常時に原子炉を緊急停止させるためのスクラムという機構が備えられており，制御系の異常信号によって制御棒が緊急挿入され，負の反応度を与えて核分裂連鎖反応を停止させる．制御棒の駆動には，BWRの場合，通常運転時には水圧駆動法，スクラム時には蓄圧器の窒素ガス圧による駆動法が用いられている．

原子炉内の冷却水の漏れや配管からの流出事故により，原子炉内の冷却水が減少した場合に備えて，緊急炉心冷却システムがある．たとえばBWRでは，図2.47の水プールの水をポンプにより加圧し原子炉内のスプレーノズルから噴出させて炉心を緊急冷却する．

2011年3月に発生した東北地方太平洋沖地震では，揺れを感知した原子力発電所は直ちに制御棒を緊急挿入し核分裂反応を停止させた．しかし，引き続く津波によって，東京電力福島第一原子力発電所では，非常用発電機が水没し，外部受電も地震による倒壊などで途絶えており，いわゆる全電源喪失状態となった．炉心では核分裂反応が停止した後も核分裂生成物の崩壊熱によって通常出力の7%程度の発熱が続いている．電源喪失のため炉心冷却システムを動かすことができず，崩壊熱による原子炉圧力容器内の冷却水の蒸発で燃料棒が露出し，さらなる発熱により炉心溶融（メルトダウン）に至った．また，放射線による水の分解や高温下での燃料棒金属と水・水蒸気との反応によって水素が発生し，原子炉建屋での水素爆発が引き起こされた．一連の事故によって放出された放射能は，^{131}Iが数百PBq（ペタ（10^{15}）ベクレル），^{137}Csが十数PBqと推定されている．これは1986年に旧ソ連チェルノブイリ原子力発電所で起きた世界最悪の事故時の数分の一程度にあたる量である．福島事故に対しては，過酷事故対策や訓練が事前に適切に行われていれば防止できたはずとの意見が多い．

■ **高速増殖炉**　軽水を用いないタイプの原子炉として高速増殖炉 (Fast Breeder Reactor: FBR) がある．燃料として^{239}Puと^{238}Uを炉心に入れておき，高速中性子によって^{239}Puを核分裂させる．核分裂により発生した中性子は，一部^{238}Uに吸収され，^{239}Puに変わるので，核分裂性燃料が新たに生成されることになる．高速中性子による核分裂であるから減速材は不要である．冷却材には中性子の吸収が少なく，熱伝導性がよく沸点の高いナトリウムを用いる．

各国で試験炉が建設されたが，フランスや日本ではナトリウム漏洩が起こり，英，米

では中断されている.

■ **核燃料サイクル** 原子力発電では,燃料の消費の補充だけでなく,放射性廃棄物の処分やPuの処理などが必要である.1GWクラスの原子力発電所の軽水炉からは年間〜25tの使用済み核燃料が排出され,その中にはPuが200kg含まれる.また,未燃焼の^{235}Uも残存する.原子炉の寿命を40年とすると,この間の使用済み核燃料〜1,000t,Pu〜8tを処理しなければならない.これらを含めた**核燃料サイクル**が図2.49のように形成される.すなわち,ウラン鉱山からの鉱石を処理する精錬工場,それを濃縮に適したUF$_6$に変える**転換工場**,^{235}Uの割合を増加させるためのウラン**濃縮工場**,低濃縮ウランを固形のUO$_2$にする**再転換工場**,それを燃料棒に適した形に整形する**成形加工工場**により,原子力発電所用**燃料集合体**ができあがる.発電所の使用済み核燃料は再処理工場によって燃え残りの^{235}Uと^{238}Uが中性子を吸収してできた^{239}Puを化学処理により分離回収する.それらの一部は再転換工場からのUO$_2$とともに,プルサーマル用のU-Pu混合(**MOX**)燃料製造のためMOX燃料工場へ送られる.

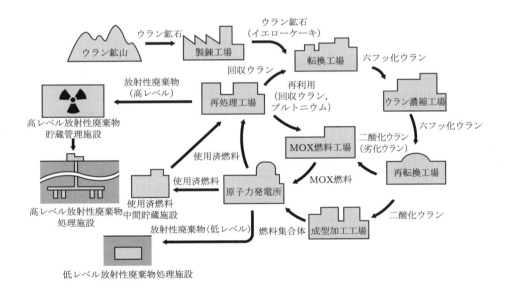

図2.49 核燃料サイクル(出典:電気事業連合会)

2.4 発電用電気機器

　水力発電所，火力発電所，原子力発電所などでは，水車や蒸気タービンに直結された三相同期発電機（1.4.1 項参照）により三相交流電圧を発電し，それを変圧器によって送電に適した電圧に昇圧して送電線に送出している．水車発電機では，回転数が 1,000 rpm 以下であり，直径の大きな凸極型回転子を使用したものが使用される．タービン発電機の回転数は 3,000 rpm 程度であり，回転子は軸方向に長く直径の小さな円筒形を用いる．

2.4.1 同期発電機とその制御

　図 2.50 は極対数 1 の三相同期発電機のモデルを示しており，界磁巻線をもつ回転子が，U，V，W の電機子巻線をもつ固定子の中を角速度 ω_m で回転している．巻線 U の巻線軸から界磁巻線の巻線軸までの角度を θ とする．各界磁巻線の鎖交磁束は，正弦的変化を仮定して，

$$\begin{aligned}\Phi_U &= \Phi\cos\theta \\ \Phi_V &= \Phi\cos\left(\theta - \frac{2}{3}\pi\right) \\ \Phi_W &= \Phi\cos\left(\theta - \frac{4}{3}\pi\right)\end{aligned} \qquad (2.71)$$

となる．$\theta = \omega_m t$ であるから，各巻線の誘導起電力は

$$\begin{aligned}e_U &= \omega_m \Phi \sin \omega_m t \\ e_V &= \omega_m \Phi \sin\left(\omega_m t - \frac{2}{3}\pi\right) \\ e_W &= \omega_m \Phi \sin\left(\omega_m t - \frac{4}{3}\pi\right)\end{aligned} \qquad (2.72)$$

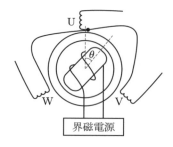

図 2.50　三相同期発電機のモデル

と書ける．ここで電圧の実効値を用いて，たとえば，$E = \dfrac{1}{\sqrt{2}}\omega_m \Phi$ とし，複素数表示を用いて各巻線の誘導起電力を表せば，

$$\dot{E}_U = \dot{E}, \quad \dot{E}_V = \dot{E}\mathrm{e}^{-j\frac{2\pi}{3}}, \quad \dot{E}_W = \dot{E}\mathrm{e}^{-j\frac{4\pi}{3}}$$

となるが，$a \equiv \mathrm{e}^{j\frac{2\pi}{3}}$ を導入すると，

$$\dot{E}_U = \dot{E}, \quad \dot{E}_V = a^2 \dot{E}, \quad \dot{E}_W = a\dot{E} \tag{2.73}$$

とも書ける．ここでは，極対数 1 の場合を考えているが，もし極対数が p の場合は，

$$\omega_m = \frac{\omega}{p} = \frac{2\pi f}{p} \tag{2.74}$$

とすればよい．ここで f は周波数である．

図 2.51 は，対称三相負荷時の定常状態における三相同期発電機の等価回路であり，x_0 は有効リアクタンス，m は巻線間の相互リアクタンス，x は漏れリアクタンス，r は**巻線抵抗**である．

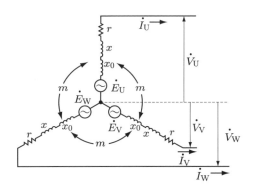

図 2.51 三相同期発電機の等価回路

巻線の有効インダクタンスと相互インダクタンスを求めよう．U, V, W の各相は巻数 N で対称三相交流電流が流れているとする．たとえば，U 相巻線による，ギャップにおける磁束密度 B_U は，その最大値を B_0 として，$B_U(\theta) = B_0 \cos \theta$ で与えられるとする．ただし，煩雑さを避けるために時間変化の因子は省略している．中心からギャップまでの半径を R，巻線の軸方向の長さを l とすれば，B_U による U 相巻線の鎖交磁束数は，次のように表される．

$$\psi_U = N \int_{-\frac{\pi}{2}}^{\frac{\pi}{2}} B_U(\theta) R l \, d\theta = 2NB_0 R l \tag{2.75}$$

U 相の電流 $\dot{I}_\mathrm{U} = \dot{I}$ の振幅を I とすると，U 相の有効インダクタンス L_U は，次のようになる．

$$L_\mathrm{U} = \frac{\psi_\mathrm{U}}{I} = \frac{2NB_0 Rl}{I}$$

次に，U 相の作る磁束のうち V 相巻線に鎖交する磁束数は，V 相巻線の角度が U 相巻線から $2\pi/3$ ずれていることを考慮して計算すると，

$$\psi_\mathrm{VU} = N \int_{\frac{\pi}{6}}^{\frac{7\pi}{6}} B_\mathrm{U}(\theta) Rl\, d\theta = -NB_0 Rl$$

と表される．したがって，U, V 相間の相互インダクタンス M_UV は，

$$M_\mathrm{UV} = \frac{\psi_\mathrm{VU}}{I} = -\frac{NB_0 Rl}{I} = -\frac{1}{2} L_\mathrm{U}$$

である．ただし，漏れ磁束はないものとした．他の相についても同様であるので，図 **2.51** 中の m を，x_0 を用いて表すと，次のようになる．

$$m = -\frac{1}{2} x_0 \tag{2.76}$$

中性点を基準とした U 相の相電圧を $\dot{V}_\mathrm{U} = \dot{V}$ とすると，U 相の回路方程式は

$$\dot{E}_\mathrm{U} = (r + jx)\dot{I}_\mathrm{U} + jx_0 \dot{I}_\mathrm{U} + jm\dot{I}_\mathrm{V} + jm\dot{I}_\mathrm{W} + \dot{V}_\mathrm{U}$$

である．右辺の第 3, 4 項は $j\left(-\frac{1}{2}x_0\right)(a^2 \dot{I}_\mathrm{U} + a\dot{I}_\mathrm{U}) = j\frac{1}{2}x_0 \dot{I}_\mathrm{U}$ となるので

$$\dot{E} = (r + jx)\dot{I} + j\frac{3}{2}x_0 \dot{I} + \dot{V} \equiv (r + jx_\mathrm{S})\dot{I} + \dot{V} \tag{2.77}$$

となる．ここで $x_\mathrm{S} \equiv x + 3x_0/2$ を同期リアクタンス，$\dot{z}_\mathrm{S} \equiv r + jx_\mathrm{S}$ を**同期インピーダンス**という．また，$3x_0/2$ を電機子反作用リアクタンスとよぶことがある．この式は他の相についても成り立つ一般式である．r は小さいとして無視すると，1 相分について，

$$\dot{E} = jx_\mathrm{S} \dot{I} + \dot{V} \tag{2.78}$$

となる．負荷の遅れ力率角[†] を ϕ として，$\dot{V}$ と $\dot{I}$ のフェーザ図を描くと，図 **2.52** のようになる．

$\dot{V}$ は $\dot{E}$ に対して位相角 δ だけ遅れているとすると，発電機の入力電力は，三相分を考慮して，

$$P_\mathrm{in} = 3EI \cos(\phi + \delta) \tag{2.79}$$

[†] 詳しくは 6.1.3 項を参照．

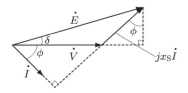

図 2.52 (2.78) 式のフェーザ図

である．δ を**内部相差角**という．一方，発電機の出力は

$$P_{\text{out}} = 3VI\cos\phi \tag{2.80}$$

である．図 2.52 において，$E\cos(\phi+\delta) = V\cos\phi$，$E\sin\delta = x_S I\cos\phi$ が成り立つから，これらを (2.79) 式，(2.80) 式に代入すると

$$P_{\text{in}} = P_{\text{out}} = \frac{3VE}{x_S}\sin\delta \tag{2.81}$$

となる．これが三相同期発電機の入力電力，出力電力である．両者が等しいのは，r を無視したためである．また，同期発電機の電圧変動率は，次式で与えられる．

$$\varepsilon = \frac{E-V}{V} \tag{2.82}$$

■ **同期インピーダンスと短絡比** 図 2.53 の V_O は，同期発電機の出力端子を全て開放した無負荷状態で**定格回転速度**で回転させ，**界磁電流** I_f を変化させたときの出力端子の線間電圧で，無負荷飽和曲線とよばれる．界磁電流 I_{fO} のときに定格電圧 V_N が得られるとする．一方，各出力端子を全て短絡した状態で定格回転速度で回転させ，界磁電流に対する出力端子の電流（短絡電流）I_S の変化をみると，図 2.53 のように直線関係となる．これを短絡曲線という．

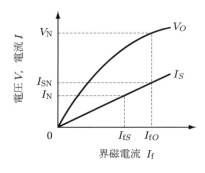

図 2.53 無負荷飽和曲線と短絡曲線

同期インピーダンスの大きさは，次の式より求められる．
$$z_S = \frac{V_O/\sqrt{3}}{I_S} \tag{2.83}$$
また，定格電流 I_N 時の同期インピーダンスによる電圧降下と定格相電圧との比
$$z_S' = \frac{z_S I_N}{V_N/\sqrt{3}} \times 100 \ [\%] \tag{2.84}$$
を**百分率同期インピーダンス**という．

短絡比とは，無負荷飽和曲線で定格電圧 V_N を得るための界磁電流 I_{fO} と，短絡曲線で定格電流 I_N を得るための界磁電流 I_{fS} の比のことで，
$$K \equiv \frac{I_{fO}}{I_{fS}}$$
である．このとき，次のような関係がある．
$$\frac{z_S'}{100} = \frac{(V_N/\sqrt{3})/I_{SN}}{V_N/\sqrt{3}} I_N = \frac{I_N}{I_{SN}} = \frac{I_{fS}}{I_{fO}} = \frac{1}{K} \tag{2.85}$$

例題 2.12

ある三相同期発電機において，無負荷で線間電圧 15.2 kV を発生させるのに必要な I_f は 500 A であった．また $I_f = 100$ A にして短絡試験（出力端子が全て中性点に接続）を行ったとき，短絡電流（1 相分）が 860 A であった．この発電機の $I_f = 500$ A での同期インピーダンスの大きさを求めよ．

解答

相電圧は $V_O = 15.2 \times 10^3/\sqrt{3}$ である．無負荷なので，これは $I_f = 500$ A のときの起電力に等しく，それを E_O とする．

短絡試験の結果から，$I_f = 500$ A での短絡電流は，図 2.53 を参照して，
$$I_S = 860 \times \frac{500}{100}$$
である．$E_O = z_S I_S$ であり，
$$z_S = \frac{15.2 \times 10^3}{\sqrt{3}} \times \frac{1}{860} \times \frac{100}{500} \simeq 2.04$$
となるので，$z_S \simeq 2.0\,\Omega$ である．

各発電方式における同期発電機 表 2.3 に各発電方式で用いられる同期発電機の回転速度や回転子構造の違いを示す．

図 2.54 の（a）には水車発電機の回転子部分，（b）には蒸気タービン発電機の外観を示す．表 2.3 に示した構造をもつことがわかる．

表 2.3 各発電方式で用いられる同期発電機

発電方式	原動機	同期発電機		
		回転速度	極対数	回転子（界磁）構造
水力発電	水車	900 rpm 以下	$p = 4 \sim 10$	凸極型 直径大 軸長小
火力発電	蒸気タービン $\sim 25\,\mathrm{MPa},\ \sim 600°C$	3,000 rpm (50 Hz) 3,600 rpm (60 Hz)	$p = 1$	平極 直径小 軸長大
原子力発電	蒸気タービン $\sim 7\,\mathrm{MPa},\ \sim 300°C$	1,500 rpm (50 Hz) 1,800 rpm (60 Hz)	$p = 2$	平極 直径小 軸長大

 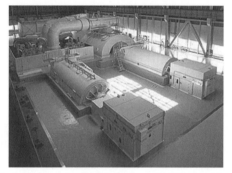

（a）水車発電機の回転子の電機子内への挿入　　（b）蒸気タービン発電機（左右の円筒形状の2台）
　　（関西電力奥多々良木発電所）　　　　　　　　　（関西電力舞鶴発電所）

図 2.54　発電機の例

　発電機負荷が変化すると，そのままでは回転速度が変化して出力の周波数が変わってしまう．そこで，回転速度すなわち周波数の変化を検出して，それが0になるように原動機の入力を変化させる**フィードバック機構**が備えられており，これを**調速機**という．原動機や，それと直結された発電機の回転速度の検出方法には，機械式，電気式，油圧式などがある．機械式は遠心おもりを使用して回転数の変化に応じてレバーが動くようになっている．電気式はタコジェネレータとよぶ計測用小型発電機の出力電圧を検出する．それらは，機械的伝達装置や増幅器などを用いてサーボモータとよばれる油圧式のアクチュエータを動かす．アクチュエータは，水車の水流入口側にあるニードル弁やガイドベーンの開度を変化させ，あるいは，蒸気タービンの蒸気入口弁を開閉し，原動機への入力を調整することで，回転速度を一定に保つ．また，発電機の相電圧（端子電圧）を一定にするには，界磁電流を調整する．

2.4.2 ● 変圧器

発電機の出力電圧は高いものでも 25 kV 程度であり，これを変圧器によって送電に適した電圧に昇圧して送電線に送出する．変圧器は，鉄心に 1 次巻線と 2 次巻線を三相分巻いたもので，通常 1 次側を Y 結線で発電機に，2 次側を Δ 結線で送電線に接続している．

変圧器の正弦波交流に対する 1 相についての等価回路を図 2.55 に示す[†]．図の（a）は，1 次巻線，2 次巻線と鉄心を表した回路記号であり，（b）は 1 次側換算等価回路である．$\dot{V}_1$, $\dot{I}_1$ は 1 次側の電圧，電流，$\dot{V}_2'$, $\dot{I}_2'$ は 1 次側に換算した 2 次側の電圧，電流である．R_s, jX_s は，それぞれ，1 次側と 2 次側を 1 次側に換算した合計の巻線抵抗，漏れリアクタンス，g_0, $-jb_0$ は，それぞれ鉄損コンダクタス，励磁サセプタンスである．

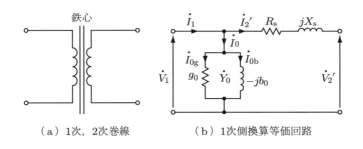

図 2.55 変圧器の 1 相分の等価回路

■ **フェーザ図** 図 2.55 に示された変圧器の 2 次側に負荷インピーダンス $\dot{Z}'$（1 次側換算値）を接続した場合の 1 相分のフェーザ図を描いてみよう．

1. まず基準として 1 次側換算 2 次電圧 $\dot{V}_2'$ を描く．
2. $\dot{Z}'$ を遅れ力率 $\cos\phi$ と仮定して，$\dot{V}_2'$ に対して ϕ だけ遅れた 1 次側換算 2 次電流 $\dot{I}_2'$ をとる．
3. 巻線抵抗による電圧は $\dot{I}_2'$ と同位相であるから，$\dot{V}_2'$ の先端から $\dot{I}_2'$ 方向に $R_s\dot{I}_2'$ を描く．
4. 漏れリアクタンスによる電圧 $jX_s\dot{I}_2'$ を $R_s\dot{I}_2'$ の先端から $\dot{I}_2'$ と直角方向にとる．
5. $\dot{V}_2'$, $R_s\dot{I}_2'$, $jX_s\dot{I}_2'$ を足したものが $\dot{V}_1$ であるので，これを描く．
6. 鉄損コンダクタスの電流 $\dot{I}_{0g}$ は $g_0\dot{V}_1$，励磁サセプタンスの電流 $\dot{I}_{0b}$ は $-jb_0\dot{V}_1$ であるので，これらを描き，その合成値として $\dot{I}_0$ を定める．
7. $\dot{I}_1 = \dot{I}_0 + \dot{I}_2'$ より，$\dot{I}_1$ を描くことができる．

[†] 回路の詳細については，電気機器の教科書などを参照のこと．

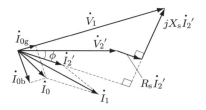

図 2.56　フェーザ図

このような順番により図 2.56 のフェーザ図が完成する．

■ **無負荷試験と短絡試験**　実際の変圧器の等価回路の回路定数を求めるには，**無負荷試験**と**短絡試験**を行う．無負荷では 2 次側は開放であるから，図 2.57（a）のように，1 次側からみた電圧電流特性は励磁サセプタンスと励磁コンダクタンスのみで決まる．一方，短絡試験において 2 次側を短絡した場合，電流は $R_s + jX_s$ と $1/(g_0 - jb_0)$ の両方のインピーダンスを流れるが，前者の電流のほうが後者よりずっと大きい．したがって，短絡試験での回路は図 2.57（b）のように近似できる．

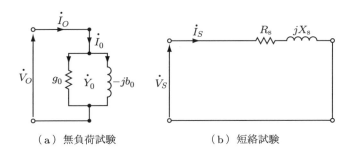

（a）無負荷試験　　　　　　　（b）短絡試験

図 2.57　試験時の変圧器の 1 相分の等価回路

このように，各試験で電圧，電流，電力を調べれば，無負荷試験から励磁サセプタンスと励磁コンダクタンスの値が決定でき，また短絡試験から巻線抵抗，漏れリアクタンスの値を決定できる．

例題 2.13

ある単相変圧器は，1 次側定格 10 kV，100 A，60 Hz，2 次側定格電圧 50 kV である．無負荷において，1 次側に定格周波数の定格電圧を印加した場合，入力電流 5 A，入力電力 20 kW，2 次側電圧 50 kV であった．次に 2 次側を短絡し，入力電流が定格電流 100 A となるようにすると，1 次側電圧は 100 V，入力電力 3.5 kW であった．この変圧器の等価回路の定数を求めよ．

解答

図 2.57 を用いる．無負荷試験（a）の入力電力は鉄損に対応しているので，$P_O = g_0 V_O{}^2$ である．よって，

$$g_0 = \frac{P_O}{V_O{}^2} = \frac{2 \times 10^4}{(1 \times 10^4)^2} = 2.0 \times 10^{-4} \text{ S}$$

となる．また，$I_O = Y_0 V_O = \sqrt{g_0{}^2 + b_0{}^2}\, V_O$ であるから，

$$b_0 = \sqrt{\left(\frac{I_O}{V_O}\right)^2 - g_0{}^2} = \left\{\left(\frac{5}{10^4}\right)^2 - (2.0 \times 10^{-4})^2\right\}^{1/2} = 4.6 \times 10^{-4} \text{ S}$$

を得る．短絡試験の場合は，図 2.57（b）を参照する．このときの入力電力は，$P_S = R_\text{s} I_S{}^2$ で表される．よって，

$$R_\text{s} = \frac{P_S}{I_S{}^2} = \frac{3.5 \times 10^3}{100^2} = 0.35 \text{ Ω}$$

となる．また，$V_S = Z_\text{s} I_S = \sqrt{R_\text{s}{}^2 + X_\text{s}{}^2}\, I_S$ であるから，次の答を得る．

$$X_\text{s} = \sqrt{\left(\frac{V_S}{I_S}\right)^2 - R_\text{s}{}^2} = \left\{\left(\frac{100}{100}\right)^2 - 0.35^2\right\}^{1/2} = 0.94 \text{ Ω}$$

関連して，変圧器の巻線比を $a = N_1/N_2$ とすると，$a = V_1/V_2 = 10/50 = 0.2$ である．また 2 次側電流を I_2 とすると，$I_1 = I_2/a$ から，2 次側定格電流は 20 A である．

変圧器の損失と効率

すでに図 2.55 に示しているように，変圧器の損失は**鉄損**コンダクタンス（励磁コンダクタンス）と巻線抵抗によるものである．鉄損を電力で表して P_i とする．鉄損は**ヒステリシス損**と**渦電流損**に分かれ，前者は fB^2 に，後者は $(fB)^2$ に比例して大きくなる．ここで，f は周波数，B は鉄心の磁束密度の最大値である．

巻線抵抗による損失電力は**銅損**とよばれ，

$$P_\text{c} = R_\text{s} {I'_2}^2 \tag{2.86}$$

である．鉄損と銅損の電力の和を損失 $P_l \equiv P_\text{i} + P_\text{c}$ とする．

変圧器の負荷への出力電力を P_out とすると，入力電力は $P_\text{out} + P_l$ であるから，効率は

$$\eta = \frac{P_\text{out}}{P_\text{out} + P_l} = \frac{V'_2 I'_2 \cos\phi}{V'_2 I'_2 \cos\phi + P_\text{i} + R_\text{s} {I'_2}^2} \tag{2.87}$$

である．ここで $\cos\phi$ は負荷の力率である．この式において，他の量は一定のまま，I'_2 のみを変化させて η が最大になる条件を求める．(2.87) 式を変形すると，

$$\eta = \frac{V_2' \cos\phi}{V_2' \cos\phi + \dfrac{P_\mathrm{i}}{I_2'} + R_\mathrm{s} I_2'}$$

$$= \frac{V_2' \cos\phi}{V_2' \cos\phi + \left(\sqrt{\dfrac{P_\mathrm{i}}{I_2'}} - \sqrt{R_\mathrm{s} I_2'}\right)^2 + 2\sqrt{P_\mathrm{i} R_\mathrm{s}}}$$

となるから，η が最大になるのは，分母の中の 2 乗の項が最小すなわち 0 になるときである．よって，

$$P_\mathrm{i} = R_\mathrm{s} {I_2'}^2$$

が得られる．これから，η が最大になるのは鉄損と銅損が等しいときであることがわかる．この条件のときの効率，つまり最大効率は，次のようになる．

$$\eta = \frac{V_2' I_2' \cos\phi}{V_2' I_2' \cos\phi + 2P_\mathrm{i}} \tag{2.88}$$

演習問題 2

1 取水口の標高 700 m，放水口の標高 400 m の水力発電所がある．取水口からは，勾配 1/1,000，こう長 4 km の開きょで水圧管へ導かれている．この水量が 50 m³/s であるとき，発電機の出力はいくらとなるか．ただし，水圧管の損失落差は 3 m，水車効率は 88%，発電機効率は 98% である．

2 有効落差 256 m，出力 10,000 kW，周波数 60 Hz の水車発電機の回転速度を求めよ．ただし，水車はフランシス水車を用いるものとし，その比速度の限界は表 2.2 から求めよ．

3 クラウジウスの原理とエントロピー増大の法則は等価であることを示せ．

4 (a) $C_P - C_V = R$ を証明せよ．
(b) 断熱変化の式を導け．

5 蒸気タービンを用途により分類して説明せよ．

6 重油専焼火力発電所が出力 1,000 MW で運転しており，発電端効率が 41%，重油発熱量が 44,000 kJ/kg であるとき，次の (a) および (b) に答えよ．ただし，重油の化学成分（重量比）は炭素 85%，水素 15%，炭素の原子量は 12，酸素は 16 とする．［類・電験Ⅲ・電力・2005］
(a) 重油消費量 [t/h] の値はいくらか．
(b) 1 日に発生する二酸化炭素の重量 [t] はいくらか．

7 1 気圧 (1,013 hPa) のもとで 100°C の水 1 kg を 100°C の水蒸気に全て変えた．水の蒸発熱量を 2.25 MJ/kg，100°C 1 気圧の水蒸気の密度を 0.6 kg/m³ として次の問いに答えよ．

(1) エントロピー $[\mathrm{J}/(\mathrm{kg}\cdot\mathrm{K})]$ の変化量を求めよ．
(2) 加えた熱量のうち何%が仕事に使われたか．

8 タービン出力 $700\,\mathrm{MW}$ で運転している汽力発電所があり，復水器の冷却に海水を使用している．このときの復水器冷却水の流量は $30\,\mathrm{m}^3/\mathrm{s}$，タービンの熱消費量は $8{,}000\,\mathrm{kJ}/(\mathrm{kW}\cdot\mathrm{h})$，海水の比熱は $4.0\,\mathrm{kJ}/(\mathrm{kg}\cdot\mathrm{K})$，密度は $1.1\times10^3\,\mathrm{kg}/\mathrm{m}^3$ である．この復水器について，次の (a) および (b) に答えよ．ただし，復水器冷却水が持ち去る熱以外の損失は無視するものとする．[電験Ⅲ・電力・2002]

(a) 復水器が持ち去る毎時の熱量 $[\mathrm{kJ/h}]$ の値として，最も近いのは次のうちどれか．
 (1) 2.5×10^6 (2) 3.1×10^6 (3) 5.6×10^6
 (4) 3.1×10^9 (5) 5.6×10^9

(b) 復水器冷却水の温度上昇 $[\mathrm{K}]$ の値として，最も近いのは次のうちどれか．
 (1) 5.3 (2) 6.5 (3) 7.9 (4) 12 (5) 23

9 原子力発電に用いられる $5.0\,\mathrm{g}$ の $^{235}\mathrm{U}$ を核分裂させたときに発生するエネルギーを考える．ここで想定する原子力発電所では，上記エネルギーの30%を電力量として取り出すことができるものとする．これを用いて，揚程 $200\,\mathrm{m}$，揚水時の総合的効率を84%としたとき，揚水発電所で揚水できる水量 $[\mathrm{m}^3]$ の値として，最も近いのは次のうちどれか．選択肢の番号で答えよ．ただし，ここでは原子力発電所から揚水発電所への送電で生じる損失は無視できるものとする．なお，計算には必要に応じて次の数値を用いること．

核分裂時の $^{235}\mathrm{U}$ の質量欠損：0.09%，ウランの原子番号：92，真空中の光の速度：$3.0\times10^8\,\mathrm{m/s}$ [電験Ⅲ・電力・2006]

 (1) 2.6×10^4 (2) 4.2×10^4 (3) 5.2×10^4
 (4) 6.1×10^4 (5) 9.7×10^4

10 減速材の減速能力について述べよ．

11 次の空欄に当てはまる語句を解答群の中から選べ．

原子燃料には低濃縮ウランが使用される．原子燃料の核分裂によって生じた高速中性子を熱中性子にするために使用するのが (1) であり，(2) 原子核を多く含む物質のほうが中性子のエネルギー損失が大きく，(1) として有利である．一方，核分裂により発生したエネルギーを取り出すために使用されるのが冷却材であり，比熱および熱伝導度が大きく中性子の吸収が (3) ことが要求される．発電用原子炉では，(1) としても性能が良好であり，高い安全性，信頼性，経済性が得られることから，(4) が広く使用されている．また，原子炉を安全に運転するためには，中性子の発生と消滅のバランスを変化させて出力制御を行う必要があり，このために使用されるのが (5) である．[類・電験Ⅱ・電力・2004]

イ) 中性子を多く含んだ, ロ) 重水, ハ) 反射材, ニ) 減速材, ホ) 軽水, ヘ) 制御材, ト) 黒鉛, チ) 変化する, リ) 被覆材, ヌ) 質量の小さい, ル) 小さい, ヲ) 遮へい材, ワ) 大きい, カ) 質量の大きい, ヨ) 構造材

12 定格容量 $100\,\mathrm{kVA}$ の変圧器があり，負荷が定格容量の $1/2$ の大きさで力率1のときに，最大効率 98.5% が得られる．この変圧器について，最大効率が得られるときの銅損 $[\mathrm{W}]$ の値はいくらか．[類・電験Ⅲ・機械・2004]

第 3 章

再生可能エネルギーによる発電

再生可能エネルギーとは，第1章で述べたように，使用しても半永久的に減らないエネルギーのことで，自然エネルギーともいう．再生可能エネルギーには，太陽のエネルギーに基づく太陽光エネルギー，風力エネルギー，水力エネルギー，波力エネルギー，月の引力も関係する潮汐力エネルギー，地球内部の熱による地熱エネルギーなどがある．また，生物が生産する炭素系物質を利用するエネルギーも含めることがある．第2章で述べた水力発電は再生可能エネルギーによる大規模な発電システムであるが，ここではこれ以外について，再生可能エネルギーを利用して発電を行う方法を述べる．

3.1 太陽光発電

太陽から放出される光エネルギーすなわち光量子エネルギーのうち，地球に届くエネルギーは，入射方向に垂直な平面上で約 $1.3\,\mathrm{kW/m^2}$ である．これを太陽定数という．このエネルギーを，熱や機械的エネルギーを介することなく直接電気エネルギーに変換するものが**太陽光発電**である．このように，あるエネルギー形態から，他の形態を経ずに直接電気エネルギーに変換する方式を**直接発電**という．光量子エネルギーからの直接発電以外に，熱エネルギーや化学エネルギーからの直接発電もある．

図 3.1 はビルの屋上に設置された太陽光発電のための太陽電池パネルの例である．

図 3.1　太陽電池パネル（(株)きんでん提供）

3.1.1 ● 太陽電池

太陽電池の原理　太陽電池 (photovoltaic cell, solar cell) はシリコン半導体の **p-n 接合**の光起電力効果を利用して発電を行うものである．図 3.2 のように，n 領域ではドナーが電子を放出し，p 領域ではアクセプタが電子を捕獲しているので，イオン電荷密度は n 領域がプラス，p 領域がマイナスになっている．キャリアは，**n 領域は電子**，**p 領域はホール（正孔）**であり，それらの密度はイオン密度と同じであるが，接合部には電位障壁があるために存在しない．イオンとキャリアによる全電荷密度の分布は図（c）のようになり，それによる強い空間電界が接合面に生じている．p-n 接合のエネルギー準位図は図（d）に示され，両領域のフェルミ (Fermi) 準位が一致し，p-n 間に電位差 V_f が生じている．

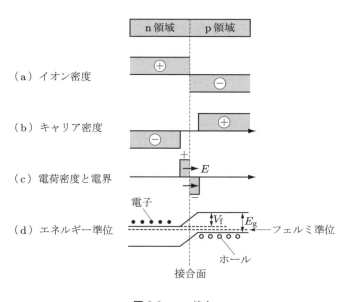

図 3.2　p-n 接合

p-n 接合に順方向電圧 V を加えると，V_f による電位障壁が減少するため，次式の順方向電流が流れる．

$$I = I_0 \left(e^{\frac{eV}{k_B T}} - 1 \right) \tag{3.1}$$

ここで，e は電子の電荷の大きさ，k_B はボルツマン定数，T は温度，I_0 は逆方向に流れる飽和電流である．

今，p-n 接合に振動数 ν の光が照射され，そのエネルギー $h\nu$ が図 3.2（d）の**バン**

ドギャップ E_g よりも大きければ，**価電子帯**から電子が**導電帯**に励起され，あとにはホールができる．h はプランク (Planck) 定数である．生成された p 領域の電子や n 領域のホールが接合面付近まで拡散してくると，そこの強い電界により，それぞれ n 領域と p 領域へ加速され，p 領域を正に n 領域を負にするように起電力を発生する．したがって，外部回路により両領域を短絡すると短絡電流 I_s が流れる．短絡ではなく，外部に負荷抵抗を接続しておくと，接合には順方向電圧が加えられるので，(3.1) 式の順方向電流も流れる．両者の和が回路電流 I であり，方向を考慮して，

$$I = I_s - I_0 \left(e^{\frac{eV}{k_B T}} - 1 \right) \tag{3.2}$$

となる．この場合の p-n 接合のエネルギー準位図を図 3.3 に示す．

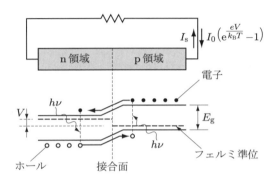

図 3.3　太陽電池のエネルギー準位図

■ **太陽電池の電圧-電流特性**　(3.2) 式を電圧-電流特性としてグラフにしたものを図 3.4 に示す．

(3.2) 式より，

$$V = \frac{k_B T}{e} \ln\left(1 + \frac{I_s - I}{I_0}\right) \tag{3.3}$$

なので，$I = 0$ のときの電圧，すなわち開放電圧 V_0 は，

$$V_0 = \frac{k_B T}{e} \ln\left(1 + \frac{I_s}{I_0}\right) \tag{3.4}$$

となる．図 3.4 において，負荷線 $V = IR$ を描き，太陽電池の電圧-電流特性との交点を求めると，そこが動作点になる．出力電力は，

$$P = IV = I \frac{k_B T}{e} \ln\left(1 + \frac{I_s - I}{I_0}\right) \tag{3.5}$$

であるから，P が最大になるように動作点を選ぶことが必要である．

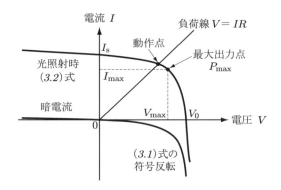

図 3.4　太陽電池の電圧-電流特性

■ **太陽電池の効率**　次に，太陽電池の効率を考えてみる．太陽光の ν は広い範囲に広がっているのに対し，そのうちの $h\nu > E_g$ を満たす振動数範囲の光のみ発電に有効である．また，$h\nu > E_g$ であっても利用エネルギーは E_g である．シリコン太陽電池では，$E_g \sim 1.1\,\mathrm{eV}$ であり，この光利用の要因に基づく効率は $\eta_1 \sim 0.44$ である．

図 3.4 において，$V_0 < E_g$ であることにより，$\eta_2 \leq 0.7/1.1$ 程度になる．また，電圧-電流特性が湾曲していることにより，$\eta_3 = P/(I_s V_0) \sim 0.85$ となる．これら以外にも太陽電池表面での光の反射率や透過率による損失，内部抵抗による損失，電子-ホール再結合による損失などがある．η_1 から η_3 を総合してシリコン太陽電池の理論的効率は $\eta \sim 0.24$ とされており，かなり低いことがわかる．

3.1.2 ● 太陽電池の種類

単結晶シリコンを用いて作成された太陽電池はほぼ理論的効率に近い値を得ているが，大面積のものを作ろうとすると製作コストが高いことが難点である．溶融シリコンを最初から薄膜状に形成したり，ガラス板の上に薄膜を成長させたりして，部分的には結晶構造をもつシリコン薄膜を用いた多結晶シリコン太陽電池は，単結晶のものよりコストを低くできる．この太陽電池の効率は 0.13 程度である．

シリコンを含むガスをプラズマにより解離して活性化し，ガラスなどの基板の上に堆積させて作製するアモルファスシリコン (a-Si) 薄膜は大量生産が可能でありコストがたいへん安く，家庭用太陽電池などに最適である（図 3.5）．入射光は透明電極につけられた多数のピラミッド状のテクスチャ構造により多重反射されて，ほとんど損失せずに a-Si 層へ導かれる．このアモルファスシリコン太陽電池（$1{,}000\,\mathrm{cm}^2$ 程度の面積）の効率は初期値で 0.1，1 年後で 15％程度低下するが，その後はほぼ一定である．

太陽光発電は，機械的動作を行う部分がなく，また排気ガスや廃棄物を出さないの

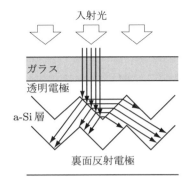

図 3.5 アモルファス太陽電池の構造（出典：シャープ技報 70 号）

で環境適合性が高い．

3.1.3 ● 太陽光発電の構成

太陽電池の一つのセルの起電力は DC 1 V 以下である．したがって，いくつかのセルを組み合わせて**モジュール**とし，それをさらに組み合わせてパネルとする．図 3.6 に示すように，家庭やビルに取り付けられた太陽電池パネルからの DC 100 V 以上の出力は，**インバータ**により直流から交流電力に変換して負荷に供給される．このとき，電力会社からのラインとの切り替えや，余剰発電電力の電力会社への売電も含めた電力量の管理などは，インバータを含むパワーコンディショナーにより行われる．

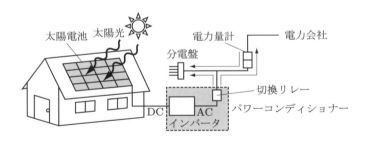

図 3.6 家庭用太陽光発電における設備

例題 3.1

変換効率 15% の太陽電池で 1 MW の電力を発生するためには，どれだけの面積の太陽電池が必要か．ただし，太陽光照射エネルギーは日照の変化を考慮して $0.8\,\mathrm{kW/m^2}$ とせよ．

解答

単位面積あたりの出力は $0.8 \times 0.15 = 0.12\,\text{kW}$ である．
よって，$1{,}000 \div 0.12 \sim 8.3 \times 10^3\,\text{m}^2$ つまり，90 m 四方以上となる．

例題 3.2

太陽光発電に用いられるインバータについて説明せよ．

解答

太陽電池パネルの出力電圧は DC 100 V 程度であり，配電線の電圧は AC 100 V または 200 V である．この変換に用いられるのが昇圧型インバータである．

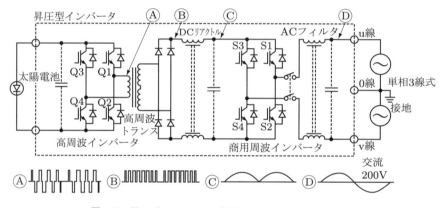

図 3.7　昇圧型インバータ（出典：シャープ技報 70 号）

図 3.7 において，太陽電池からの直流出力は高周波インバータ部で商用周波数に対応したパルス幅変調を受けながら高周波スイッチングされてⒶトランスで昇圧される．ダイオードで全波整流波形Ⓑとなり，平滑化されて商用周波数をもつ片側正弦波Ⓒになる．これを商用周波インバータ部で系統の電圧位相に合わせてスイッチングして送出する．

3.2　風力発電

　太陽からのエネルギーは，地表への入射角を考慮すると，赤道付近では多く，極付近では少ない．この結果，赤道付近の大気は強く暖められ上昇し極付近へ向かい，極付近で下降して赤道方向へ戻る循環を行う．このとき地球の自転にともなうコリオリ力によって風向が変化し，偏西風，貿易風などの大気の流れを作る．地表付近では温

度分布や地形に依存して複雑な風向風力分布となる.

風速を v, 空気の密度を ρ としたとき, 面積 A の領域で単位時間あたりの風のエネルギーは,

$$P = \frac{1}{2}\rho v^2 Av = \frac{1}{2}\rho Av^3 \text{ [W]} \tag{3.6}$$

となり, 風速の 3 乗に比例する. **風力発電**とは, この風の運動エネルギーを風車により回転運動エネルギーに変え, 次いで発電機を回して電気エネルギーを得るものである. 今, 半径 20 m のローターの風車が風速 15 m/s の風を受けているとすると, $\rho \simeq 1.23 \text{ kg/m}^3$ を用いて,

$$P \simeq \frac{1}{2} \times 1.23 \times \pi \times 20^2 \times 15^3 \simeq 2.6 \times 10^6$$

のように, 約 2,600 kW となり, 想像以上に大きな値となる. 実際は, 風の全てのエネルギーを受け取ることはできないのでこの値の数 10% が電力に変換されることになる.

図 3.8 に風力発電用風車の写真を示す. ローターの断面は飛行機の主翼の断面と同様の形状をしており, 表裏における空気の流速の差による浮力がローターを回転させるように働く.

図 3.9 において, 風車をつらぬく流体である空気の流管を考え, ローターの上流, ローター, ローターの下流のそれぞれにおける流速と断面積を, v_in, A_in, v, A, v_out, A_out とする. 連続の式 ((2.3) 式参照) により,

$$v_\text{in} A_\text{in} = vA = v_\text{out} A_\text{out} \tag{3.7}$$

となる. ローターを通過することにより, 単位時間あたりに流体が失う運動量 M は,

$$M = \rho(v_\text{in} A_\text{in})v_\text{in} - \rho(v_\text{out} A_\text{out})v_\text{out} = \rho v_\text{out} A_\text{out}(v_\text{in} - v_\text{out}) \tag{3.8}$$

図 3.8 風車 ((株) きんでん提供)

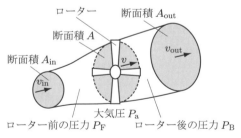

図 3.9 ローター付近の空気の流れ

となる．最後の式は (3.7) 式の連続の式を用いている．ただし，ローターの翼は連続的に分布しており，どの位置でも流体の運動量を受けているとした．ベルヌーイの定理 ((2.6) 式参照) により，

$$\frac{1}{2}\rho v_{\text{in}}^2 + P_a = \frac{1}{2}\rho v^2 + P_F \\ \frac{1}{2}\rho v^2 + P_B = \frac{1}{2}\rho v_{\text{out}}^2 + P_a \tag{3.9}$$

である．ただし，P_a は大気圧，P_F と P_B はローター前後の圧力である．この 2 式から，

$$P_F - P_B = \frac{1}{2}\rho(v_{\text{in}}^2 - v_{\text{out}}^2) \tag{3.10}$$

が得られる．風がローターに与える力は $F = (P_F - P_B)A$ であり，この力が (3.8) 式に示された単位時間あたりに失う運動量に等しいので，

$$\frac{1}{2}\rho(v_{\text{in}}^2 - v_{\text{out}}^2)A = \rho v_{\text{out}} A_{\text{out}}(v_{\text{in}} - v_{\text{out}}) \tag{3.11}$$

が成り立つ．この式と (3.7) 式から，$v = \frac{1}{2}(v_{\text{in}} + v_{\text{out}})$ が導かれる．ここで，ローターを通過することによる流体の速度減少率，

$$\zeta = \frac{v_{\text{in}} - v}{v_{\text{in}}} \tag{3.12}$$

を定義する．この式の変形として，$1 - \zeta = \frac{v}{v_{\text{in}}}$ や $v_{\text{in}} - v_{\text{out}} = 2\zeta v_{\text{in}}$ を得る．

流体がローターに与える単位時間あたりの仕事，すなわちローターのパワー P は

$$P = Fv = \frac{1}{2}\rho(v_{\text{in}}^2 - v_{\text{out}}^2)Av = \frac{1}{2}\rho A v_{\text{in}}^3 \cdot 4\zeta(1-\zeta)^2 \tag{3.13}$$

と計算される．ローターの効率 η は P を流体の入力パワー $\frac{1}{2}\rho A v_{\text{in}}^3$ で割ったものであり，次のようになる．

$$\eta = 4\zeta(1-\zeta)^2 \tag{3.14}$$

例題 3.3

(3.14) 式から，風車のローターの最大効率を求めよ．

解答

$$\frac{d\eta}{d\zeta} = 4(1-\zeta)(1-3\zeta)$$

より，η の最大値は，$\zeta = 1/3$ のときに得られる値 16/27 である．風車は最大でも風のパワーの約 60%を利用できるだけであることがわかる．

図3.10は各種ローターの効率を,ローターの周速v_Rとv_{in}の比:周速比に対して示したものである.ここで周速v_Rは,ローターの半径をR,回転速度をN [rpm] とすると,次のようになる.

$$v_R = \frac{2\pi RN}{60}$$

多くの風車は複数の翼をもっており,風速の変化に対してローターの回転速度やトルクを制御するために翼の角度(ピッチ)を変える機構がついている.これによって,風速に応じて周速比を変え,ローターの効率を高く保つ.

発電機は同期発電機あるいは誘導発電機が用いられる.同期発電機の場合,永久磁石を用いた多極回転子がローター軸に直結され,固定子巻線からの出力はインバータ-コンバータを通して系統へ接続する.これらにより,ある範囲の風速内で一定周波数,一定電力を系統へ出力できる.誘導発電機の場合は,増速ギアを介してローター軸につながれ,固定子巻線は系統に接続される.回転子が同期速度以上で回転(すべりが負)することにより系統へ電力を出力する.

風が弱く回転速度が低いときは,ローターは発電機から切り離されている.風力の増加により回転速度が発電機の動作範囲内に入ると,ローターの回転が発電機に伝えられる.これをカットインという.暴風のような場合はローターの回転を止め風車の動作を停止するカットアウトが行われる.

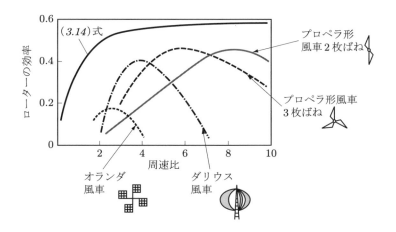

図3.10 ローターの効率

3.3 波力，潮汐発電と海洋温度差発電

3.3.1 波力発電

波力発電は海上の波による運動エネルギーを発電に利用するものである．海水面に空気の詰まった箱を海底からの支柱で固定して並べ，各箱の底から入ってくる海水の水面が波によって上下すると，空気が圧縮される．この圧縮空気をタービンに送り，発電機を回転させる．

海上に設置された航路標識ブイには，その電源として小型の波力発電装置が組み込まれている場合が多い．発電プラントとしては，まだ試験研究の段階であり，タービン発電機出力も最大で数 10 kW から 100 kW である．

3.3.2 潮汐発電

干潮と満潮との海面の高度差を利用して，たとえば満潮時に水門を通過してくる海水を貯水池に貯めながら，その水流を水車に作用させて発電を行うものが**潮汐発電**である．干潮時には逆方向の水流を利用する．1 日に 2 回満干潮があるので 4 回発電できることになる．フランスのランス (Rance) に 1966 年頃設置された発電所では，平均 8 m の海面差により水車 24 台合計で最大 240 MW，平均 70 MW 程度の発電を行っている．

3.3.3 海洋温度差発電

海水面は 20 〜 25°C 位であるのに対し数百 m の深さでは 10°C 以下であるため，それぞれを高温熱源と低温熱源に使い，熱機関を働かせる発電方式が**海洋温度差発電**である．この場合，温度や圧力を考えると，作動流体としてアンモニアが適しており，これを用いたランキンサイクルやその改良型サイクルが使われる．両熱源の温度差が非常に小さいのでサイクルの効率は低いが，立地条件の制約が少ない．

例題 3.4

海洋温度差発電の最大効率を示せ．

解答

高温熱源 T_1 と低温熱源 T_2 を用いるとすると，この熱機関の最大効率 η はカルノー効率であるから，$\eta = 1 - T_2/T_1$ である．今，$T_1 = 25°C$，$T_2 = 8°C$ と仮定すると，η は次のようになる．

$$\eta = 1 - \frac{8+273}{25+273} \simeq 0.057$$

3.4 その他の発電

3.4.1 地熱発電

　地熱発電は地下から発生する蒸気や熱水の熱エネルギーを利用して汽力発電を行う．地下 2,000 m 前後にあるマグマで熱せられた熱貯留層の熱水や蒸気を生産井により地上に導く．蒸気のみの場合は直接蒸気タービンへ送り，蒸気と熱水が混合している場合は汽水分離器を用いて分離した蒸気を蒸気タービンへ送る．タービンの排水を還元井を通して地下に戻す場合もある．図 3.11 に示すこの方式を**フラッシュサイクル法**とよび，図のような場合を**シングルフラッシュ法**，分離された熱水から圧力を下げることで蒸気を発生させてそれも発電に使用する場合を**ダブルフラッシュ法**という．また，生産井から熱水のみが得られる場合は，その熱を熱交換器を通して低沸点のアンモニアなどに与え，蒸発させて蒸気を作りタービンに送る．これを**バイナリサイクル法**とよぶ．わが国は火山地帯が多いので地熱発電所は比較的多く，分散型発電システムとして機能している．

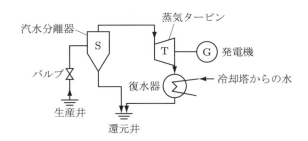

図 3.11　地熱発電の構成

3.4.2 バイオマス利用

　バイオマスとは生物の存在量のことであるが，ここでは，動植物に由来する有機物であってエネルギー源として利用することができるもの（原油，石油ガス，可燃性天然ガスおよび石炭ならびにこれらから製造される製品を除く）をいう．

生物由来の廃棄物や木材チップなどを焼却炉で燃焼させ，その排熱を用いてランキンサイクルを構成することにより発電を行う試みがなされており，いわゆるごみ発電の実験プラントが作られている．排熱量が少ない場合は，ガスタービン発電と併用して，その排熱をごみ発電に振り向ける場合もある．

バイオマスのエネルギー資源への利用としては，さとうきびやとうもろこしなどのバイオマスを発酵させてエタノールを得る**バイオマスエタノール**（または**バイオエタノール**）がある．これを燃焼させてエネルギーを得るときに発生する CO_2 は，もともと植物が空気中の CO_2 を固定したものであるから，温室効果ガスの増加にはつながらないとされている．この概念をカーボンニュートラル (carbon neutral) という．バイオマスエタノールをガソリンに混ぜて自動車燃料とし，温室効果ガスの排出削減を目指す動きが活発化している．

また，糖分のない草木などのバイオマスをガス化して製造されるバイオマスメタノールも利用できる．

演習問題 3

1. 短絡電流が $50\,\mathrm{mA/cm^2}$，暗電流が $2\times 10^{-10}\,\mathrm{mA/cm^2}$ の太陽電池がある．開放電圧はいくらか．
2. 定格風速 $15\,\mathrm{m/s}$ で直径 $80\,\mathrm{m}$ の 2 枚羽根風車の周速比が 6 のときの出力はいくらか．
3. 波浪の振幅と周期が与えられた場合の単位長さあたりの波のエネルギーを求めよ．
4. 高温熱源のエネルギーを半導体を用いて直接電気エネルギーに変換する熱電発電の原理を説明せよ．
5. バイオマスメタノールの製造方法を述べよ．

第4章 次世代発電方式

　将来の環境保全性の高い電気エネルギー発生方式として，前章で述べた再生可能エネルギーによるもの以外で，普及が始まろうとしているものや，研究開発が進んでいるもののうち，燃料電池，MHD発電，核融合発電を取り上げる．燃料電池は住宅やビル用分散電源あるいは火力発電代替用として開発が進み，普及を始めているものもある．MHD発電はコンバインドサイクルの高性能トッパーとしての期待がある．核融合発電は，太陽と同じ原理のエネルギー発生を地上で実現しようとするもので，世界的な協力体制のもとに研究開発が進展しており，本章ではその原理を学ぶ．

4.1　燃料電池

　燃焼は化学反応の一種であり，その実体は酸化還元反応，すなわち電子のやりとりである．通常の燃焼では，電子は燃料と酸素の間で直接的に移動するが，もし電子を外部に取り出すことができれば燃焼による発電が可能となる．電解質を介在させて水素を燃焼させ（酸素と化合させ），電気エネルギーを取り出す方式の**燃料電池**は，1840年頃にグローブ電池として発明され，1960年代からは有人宇宙船の電源と飲料水源に使用された．燃料電池は化学エネルギーから直接的に電気エネルギーに変換するものであるから，直接発電に分類される．

4.1.1　燃料電池の原理

　燃料電池から取り出せる電気エネルギーを見積もるため，ある系の**ギブス (Gibbs) の自由エネルギー**を次式で定義する．系としては通常 1 mol をとる．

$$G = H - TS = U + PV - TS \tag{4.1}$$

さらに，系が外部からなされた仕事 $-d'W$ を力学的仕事と**電気的仕事**に分けて，

$$-d'W = -P\,dV + d'W_e \tag{4.2}$$

として，(4.1) 式の微分形に代入すると，$dU = d'Q - d'W = d'Q - P\,dV + d'W_e$ なので

$$dG = (d'Q - P\,dV + d'W_e) + (P\,dV + V\,dP) - T\,dS - S\,dT$$
$$= d'W_e + d'Q - T\,dS \tag{4.3}$$

となる．ここで，系は等温等圧のもとで変化すると仮定し，$dT = dP = 0$ を用いている．熱力学第2法則から，

$$dS \geq \frac{d'Q}{T} \quad (\text{等号は可逆過程の場合}) \tag{4.4}$$

であるから，(4.3) 式は，

$$dG \leq d'W_e, \quad \text{あるいは} \quad -d'W_e \leq -dG \tag{4.5}$$

となる．つまり，系のある過程により外部に取り出すことができる電気エネルギーは，その過程における系の自由エネルギーの減少分以下である．燃料電池において，燃料の燃焼によるエンタルピー変化分を ΔH，自由エネルギーの変化分を ΔG とすると，燃料電池の**エネルギー変換効率**の最大値は

$$\eta = \frac{\Delta G}{\Delta H} \tag{4.6}$$

である．また，燃焼に関与する電子の数が n 個である場合の**燃料電池の起電力**は

$$V = \frac{-\Delta G}{neN} = \frac{-\Delta G}{nF} \tag{4.7}$$

で与えられる．ここで，N はアボガドロ数，$F = 96{,}500\,\mathrm{C/mol}$ はファラデー (Faraday) 定数である．

H_2 と O_2 を用いる燃料電池（アルカリ形）の構造の一例を図 4.1 に示す．電解質（今の場合 KOH）を正と負の電極ではさみ，負電極には H_2 を，正電極には O_2 を供給する．電極の表面は白金などを含む材料を用いて触媒作用が行われるようになっている．負電極では，

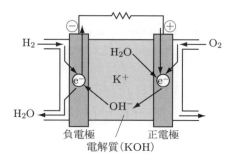

図 4.1 燃料電池（アルカリ形）の模式図

$$H_2 + 2OH^- \rightarrow 2H_2O + 2e^- \tag{4.8}$$

のように，H_2 は電解質中を移動してきた OH^- と化合して電子を放出する．正電極では O_2 は，電解質中からの H_2O と負電極で生成され外部回路を通ってきた電子とで OH^- を生成し電解質中に放出する．

$$\frac{1}{2}O_2 + H_2O + 2e^- \rightarrow 2OH^- \tag{4.9}$$

これら二つの反応式を総合すると，

$$H_2 + \frac{1}{2}O_2 \rightarrow H_2O \tag{4.10}$$

となり，水素の燃焼反応である．この反応でのエンタルピーの変化は，標準状態：25°C，1 atm において $\Delta H = -285.4\,\text{kJ/mol}$ であることが知られている．また，エントロピーに関する数値は，

$$\begin{aligned} S_{H_2O} &= 69.8\,\text{J/(mol·K)} \\ S_{H_2} &= 130\,\text{J/(mol·K)} \\ S_{O_2} &= 205\,\text{J/(mol·K)} \end{aligned} \tag{4.11}$$

であるから，$\Delta S = 69.8 - 130 - \dfrac{205}{2} = -163\,\text{J/(mol·K)}$ となる．これらから，ギブスの自由エネルギーの変化量は，

$$\begin{aligned} \Delta G &= \Delta H - T\Delta S = -285.4 - (25+273)\cdot(-163\times 10^{-3}) \\ &= -237\,\text{kJ/mol} \end{aligned}$$

と求められる．よって，効率は

$$\eta = \frac{\Delta G}{\Delta H} = \frac{237}{285.4} \simeq 0.83 \tag{4.12}$$

となり非常に高い．また，この燃料電池の起電力は，次のようになる．

$$V = \frac{-\Delta G}{nF} = \frac{237\times 10^3}{2\times 96{,}500} \simeq 1.23\,\text{V} \tag{4.13}$$

例題 4.1

メタン・酸素の反応：$CH_4 + 2O_2 \rightarrow CO_2 + 2H_2O$ を用いる燃料電池では，8個の電子が発生する．この反応は $\Delta G = -818\,\text{kJ/mol}$，$\Delta H = -890\,\text{kJ/mol}$ である．この燃料電池の起電力と効率を求めよ．

解答

起電力は (4.7) 式を用いるが，メタン分子1個につき8個の電子が発生することから，

$$V = -\frac{\Delta G}{8eN} = \frac{818 \times 1{,}000}{8 \times 96{,}500} \simeq 1.06\,\mathrm{V}$$

となり，効率は (4.6) 式を使って，次のようになる．

$$\eta = \frac{\Delta G}{\Delta H} = \frac{818}{890} \simeq 0.92$$

4.1.2 ● 燃料電池の種類と構造

燃料電池は電解質の違いによって**表 4.1** のような種類がある．**表 4.1** において略号の最初の 2 文字は電解質の種類を表しており，その電解質をイオンが透過できる温度が動作温度となっている．**リン酸形燃料電池** (PAFC) は電力設備として実用段階にある．**溶融炭酸塩形燃料電池** (MCFC) や**固体酸化物形燃料電池** (SOFC) は CO も燃料となるので，天然ガス用に適している．**固体高分子形燃料電池** (PEFC: polymer electrolyte fuel cell) は動作温度も低く，取り扱いが容易なため普及が期待されている．

表 4.1　燃料電池の種類

略号	電解質	燃料	移動イオン	動作温度 [°C]	実用効率	備考
PAFC	燐酸	H_2	H^+	$150 \sim 200$	~ 0.4	実用
MCFC	溶融炭酸塩	$H_2 + CO$	CO_3^{2-}	$650 \sim 700$	0.45	研究中
SOFC	固体酸化物	$H_2 + CO$	O^{2-}	$700 \sim 1{,}000$	$0.4 \sim 0.55$	研究中
PEFC	固体高分子	H_2	H^+	< 90	$0.3 \sim 0.4$	普及中

燃料電池の基本構造は**図 4.1** に示したが，ここでは PEFC について実用的な構造を**図 4.2** に示す．単一のセルでは，前に述べたように起電力が 1 V 程度であるので，多くのセルをスタック構造にして直列接続することで適切な電圧にする．

一つのセルは**電解質膜**をはさむ正，負電極とその外側の溝を切った仕切り板（セパレータ）から構成されている．PEFC の場合，電解質膜はフッ素を含む炭化水素系分子とスルホン酸系分子の複合体膜で，水素イオン伝導性が高く，電子に対しては絶縁性が高いものである．膜の厚みは 50 μm 程度と非常に薄いものが使用される．厚さが増すと電気抵抗が大きくなる．

電極は電解質側に触媒を塗布した炭素紙であり，**触媒**には白金が多く用いられる．H_2 が供給される負電極においては $H_2 \rightarrow 2H^+ + 2e^-$ の反応が起き，電子が外部回路に供給され，H^+ は電解質膜を正電極へと透過していく．正電極では O_2 が供給されており，電解質膜からの H^+ と外部回路から流入する電子とにより $\frac{1}{2}O_2 + 2H^+ + 2e^- \rightarrow H_2O$

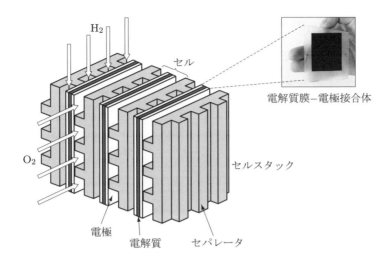

図 4.2 燃料電池の実用構造（出典：大阪ガス資料）

の反応が生じる．電極反応は電解質，触媒，およびガス（H_2 や O_2）の三相界面で起きるので，触媒の存在は不可欠であるが，白金はたいへん高価でありコストの増大の問題がある．また，白金を単に塗布しただけでは，三相界面は平面となり面積が小さい．電流密度を増すために白金を微粒子化して実効面積を拡大するなどの工夫がなされる．また，白金の欠点として，CO にさらされると触媒機能を失う被毒の問題がある．天然ガスを改質した H_2 には CO が含まれることがあり，注意を要する．セパレータは炭素板であり，ガスの通路と各セルの分離およびセル間の電気的直列接続の役割を果たしている．

4.1.3 ■ 燃料電池の利用

燃料電池の用途として，家庭や集合住宅に電気と熱を供給する**コージェネレーション** (cogeneration) 用，電気自動車の電源，モバイル機器用の超小型電池などがあり，一部は実用化されている．また，章の最初に述べたように，宇宙船での使用も実績がある．大規模な燃料電池は，分散電源や火力発電所の代替電源として期待されている．純粋に H_2 を燃料とするものは CO_2 をまったく排出しないので化石燃料に対して大きな利点がある．コージェネレーション用などで天然ガス（都市ガス）を燃料とする場合は，図 4.3 に示すように，**改質器**を用いて H_2 を発生させ燃料電池に供給する．改質器中では，～700°C において

$$CH_4 + H_2O \rightarrow 3H_2 + CO$$

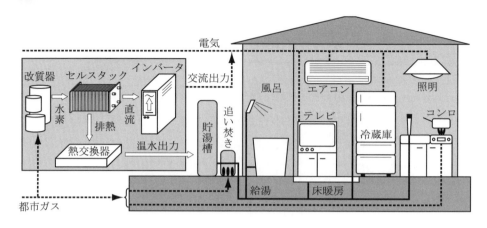

図 4.3 家庭用コージェネレーション（出典：大阪ガス HP）

の反応を起こし，H_2 を得ている．CO はより低温で H_2O と反応させ CO_2 とする．この場合改質器を高温にする必要があるため，燃料電池の短時間の起動や停止は不可能になる．一方，燃料電池における発熱は，給湯や暖房に使えるので，電気と熱の両方を発生・利用する．これがコージェネレーションという呼び方の由来である．

例題 4.2

改質器からの H_2 を PEFC に使用する場合に，改質器において考慮すべき点を述べよ．

解答

天然ガスを燃料とする場合は，改質器を用いて H_2 を発生させ，燃料電池に供給する．改質器中では $\sim 700℃$ において，

$$CH_4 + H_2O \rightarrow 3H_2 + CO$$

の反応が起こる．発生した CO はより低温での水性ガスシフト反応により

$$CO + H_2O \rightarrow CO_2 + H_2$$

となって除去されるが，改質ガス中の CO の残存率は 0.5％程度である．しかし，改質ガス中の CO は，燃料電池で水素を解離させるための白金触媒を劣化させるので，さらに削減する必要がある．そこで，酸素を加えて CO を選択酸化し CO_2 に変える．すなわち，

$$2CO + O_2 \rightarrow 2CO_2$$

の反応を用いる．これらによって CO 残存率 10 ppm 以下を達成している．

4.1.4 ● 水素エネルギーシステム

　石油資源の枯渇に備えるため，さらに地球温暖化防止のため，石油燃料を水素燃料に転換することが構想されている．将来の水素エネルギーを基盤とした社会では，水素は天然ガスを改質して製造し，その際 CO_2 の排出を極力抑制する．将来的には，火力発電から分散型の燃料電池発電への転換が進み，ガソリンエンジン自動車に代わって燃料電池電気自動車の普及が進むと考えられている．これらの自動車用には水素ステーションが作られ，自動車に備えられた水素燃料タンクに水素を供給する．この燃料タンクはプラスチックと炭素繊維などを複合したものでつくられており，水素が 35 MPa〜70 MPa で充填される．その試験的運用はすでになされている．水素の貯蔵には水素吸蔵合金の利用も考えられている．

4.2 ● MHD 発電 ●

　荷電粒子が磁場中を運動するとき，**ローレンツ力**を受けて軌道が曲げられる．この力は電子とイオンで反対方向であるので，曲がった軌道の先で荷電粒子を捕集すれば起電力が得られる．この原理に基づく発電方式を **MHD** (magnetohydrodynamic) 発電という．これも直接発電の一形態である．

　図 4.4 において，四角形のダクトの上下面は絶縁性，左右面は導電性の電極であり，外部から磁束密度 B の一様な磁場が下から上へ向けて加えられている．ダクトの幅を d，各電極の面積を A とし，電極間は負荷抵抗 R で接続されている．ダクトに導電率 σ の導電性流体を速度 u で流す．導電性流体には，高温燃焼ガスにセシウム (Cs) などの電離しやすい物質を加えて，弱電離プラズマにしたものや液体金属が用いられる．

　導電性流体がダクト内で生じさせる起電力は，長さ d の電線が磁束を切っているのと等価であるから，

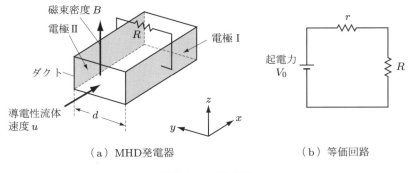

（a）MHD発電器　　　　　　　　（b）等価回路

図 4.4　MHD 発電

$$V_0 = uBd \tag{4.14}$$

である．図 4.4（b）の等価回路の起電力がこの値になり，R と内部抵抗 r で分圧されているので，負荷抵抗の両端電圧は

$$V = \frac{R}{R+r} V_0 \equiv \eta V_0 \tag{4.15}$$

である．η は上式のように定義されたものである．電極間を流れる電流密度 J は，

$$J = \sigma E = \sigma \frac{V_0 - V}{d} = \sigma uB(1 - \eta) \tag{4.16}$$

となり，回路電流は $I = JA$ である．負荷抵抗に取り出された電力は，

$$P = VI = \sigma(uB)^2 (1-\eta)\eta Ad \tag{4.17}$$

単位体積あたりを書くと

$$p = \frac{P}{Ad} = \sigma(uB)^2 (1-\eta)\eta \ [\mathrm{W/m^3}] \tag{4.18}$$

となる．今，$\sigma = 20\,\mathrm{S/m}$, $u = 10^3\,\mathrm{m/s}$, $B = 6\,\mathrm{T}$ とすると，p は $\eta = 0.5$ のとき最大値 $\sim 180\,\mathrm{MW/m^3}$ をとる．

実用的には，電極の短絡効果を防ぐため図 4.5 のように電極を分割し，作動流体であるガスの膨張を考えてテーパー状のダクトを用いる．

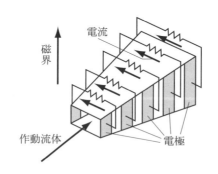

図 4.5　実用型 MHD 発電機

例題 4.3

図 4.4 の MHD 発電機で，作動流体が単位体積あたりなした仕事はどれだけか．また，その仕事の何倍が電気出力に変換されたか示せ．

解答

作動流体は，単位体積あたり $\boldsymbol{J} \times \boldsymbol{B}$ の力を $-x$ 方向に受けている．すなわち，

$$F_x = -\sigma u B^2 (1-\eta)$$

である．作動流体は速さ u で x 方向に動いているので，単位体積，単位時間あたりの仕事は，

$$-F_x u = \sigma (uB)^2 (1-\eta)$$

で与えられる．単位体積あたりの出力電力は (4.18) 式で与えられているので，作動流体がなした仕事の η 倍が電気出力に変換されている．すなわち η は変換効率である．

4.3　核融合の基礎

2.3 節でも述べたように，核融合反応の主なものは，

$$\text{D} + \text{T} \rightarrow {}^4\text{He} + \text{n} + 17.6\,\text{MeV} \tag{4.19}$$

である．ここで，発生エネルギーの主たる担い手である中性子のエネルギーは 14.1 MeV であり，もちろん電荷をもたない．D は海水中に比較的多量に含まれるが，T は自然界に存在しない．そこで，

$$^6\text{Li} + \text{n} \rightarrow \text{T} + {}^4\text{He} \tag{4.20}$$

の反応により T を生産する．他の核融合反応として

$$\text{D} + {}^3\text{He} \rightarrow {}^4\text{He} + \text{p} + 18.3\,\text{MeV} \tag{4.21}$$

があり，D-T 反応とは異なって，エネルギー担体の p は荷電粒子である．p のもつエネルギーは 14.7 MeV である．

これらの反応を起こすためには，左辺の二つの原子核をクーロン (Coulomb) 反発力に打ち勝って接近・衝突させねばならず，また，その衝突の頻度も高い必要がある．そのためには，これらの原子核を含む燃料を高温プラズマ化して，その熱運動で衝突させるのがよい．以降の項では，高温プラズマの基礎的性質を述べ，高温プラズマの磁場による閉じ込めを考える．

4.3.1 ● 磁場中の荷電粒子

■ **運動方程式と軌道** 質量 m，電荷 q の粒子が，電界 $\boldsymbol{E}$，磁束密度 $\boldsymbol{B}$ が印加された空間を速度 $\boldsymbol{v}$ で運動しているときの粒子の運動方程式は，

$$m\frac{d\boldsymbol{v}}{dt} = q(\boldsymbol{E} + \boldsymbol{v} \times \boldsymbol{B}) \tag{4.22}$$

である．図 4.6 のように，$\boldsymbol{B}$ に平行な方向の量に $\|$，垂直な方向の量に $\perp$ の添え字をつけて表すことにする．

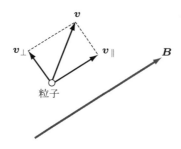

図 4.6　方向の定義

まず，$\boldsymbol{E} = 0$ の場合を考える．$\boldsymbol{B} = (0, 0, B)$，$\boldsymbol{v}$ の初期値を $(v_\perp, 0, v_\|)$ として $(B > 0, v_\perp > 0)$，粒子の軌道を求めると，

$$\begin{cases} v_x = v_\perp \cos\omega_c t \\ v_y = \mp v_\perp \sin\omega_c t \end{cases} \quad \begin{cases} x - x_0 = r_L \sin\omega_c t \\ y - y_0 = \pm r_L \cos\omega_c t \end{cases}$$

$$\text{ただし}\quad \omega_c = \frac{|q|B}{m}, \quad r_L = \frac{v_\perp}{\omega_c} \tag{4.23}$$

となり（複号は q の正負に対応），軌道は x-y 面に投影すると半径 r_L の円になる．これをラーマー (Larmor) 運動あるいはサイクロトロン (cyclotron) 運動といい，ω_c をサイクロトロン（角）周波数，r_L をラーマー半径とよぶ．また，円運動の中心を案内中心 (guiding center) という．案内中心は初速度 $v_\|$ で z 方向に等速運動するので，粒子は，$\boldsymbol{B}$ 方向にみて，$q > 0$ なら左回りの，$q < 0$ なら右回りのらせん軌道を描く．この様子を図 4.7 に示す．図中にはイオンの案内中心の軌跡が点線で示されている．

■ **$\boldsymbol{E} \times \boldsymbol{B}$ ドリフト** 次に，(4.22) 式において $\boldsymbol{E} \neq 0$ の場合を考える．ただし，$\boldsymbol{E}$ は $\boldsymbol{B}$ に垂直で，時間的に一定であるとする．運動方程式に $\boldsymbol{v}_\perp = \boldsymbol{v}'_\perp + \boldsymbol{v}_E$ を代入してみると，

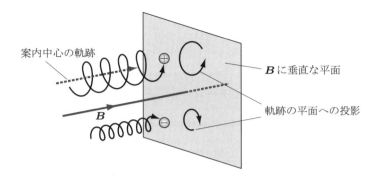

図 4.7 ラーマー運動

$$m\frac{d\bm{v}_\perp{}'}{dt} + m\frac{d\bm{v}_\mathrm{E}}{dt} = q(\bm{E} + \bm{v}_\mathrm{E}\times\bm{B} + \bm{v}_\perp{}'\times\bm{B}) \tag{4.24}$$

となるので，ここで $\bm{E} + \bm{v}_\mathrm{E}\times\bm{B} = 0$ となるように $\bm{v}_\mathrm{E}$ を選ぶことにする．そのとき $\bm{E}$ も $\bm{B}$ も一定なので $\bm{v}_\mathrm{E}$ も時間的に一定である．すると，上の式は前項の $\bm{E} = 0$ の場合と同じ式になるので，$\bm{v}_\perp{}'$ はラーマー運動に対応する．$\bm{v}_\mathrm{E}$ を選ぶ式の両辺に $\bm{B}$ を外積すると，

$$\bm{v}_\mathrm{E} = \frac{\bm{E}\times\bm{B}}{B^2} \tag{4.25}$$

となる．すなわち，粒子はラーマー運動をしながらその案内中心は (4.25) 式で与えられる速度で $\bm{E}$ にも $\bm{B}$ にも垂直な方向に動く（図 4.8）．これを $\bm{E}\times\bm{B}$（$\bm{E}$ クロス $\bm{B}$）ドリフトという．

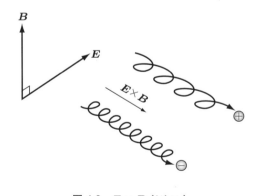

図 4.8　$\bm{E}\times\bm{B}$ ドリフト

上で,電界による力ではなく,一般的な外力 F が作用している場合は,(4.24) 式において qE のかわりに F を代入してやればよいから,ドリフト速度は

$$v_F = \frac{F \times B}{qB^2} \tag{4.26}$$

となる.これは F クロス B ドリフトとよばれ,方向は電荷に依存する.

4.3.2 ■ プラズマの閉じ込め

核融合を起こすプラズマは非常に高温であるので,容器として金属などの材料を使うとそれを溶かしてしまう.この節のはじめで述べたように,荷電粒子は磁力線に沿って運動するので,荷電粒子の集合体であるプラズマを磁力線で閉じ込める磁場閉じ込めが用いられる.図 4.9(a)は円形コイルをリングに沿って並べて作られたドーナツ型の磁力線をもつ磁場を示している.これを**単純トロイダル磁場**という.またドーナツ構造を**トーラス**という.

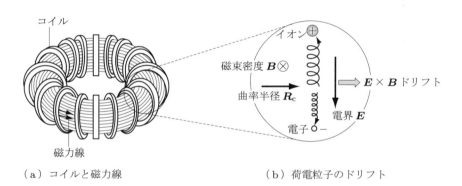

(a) コイルと磁力線　　　　　　　　　　(b) 荷電粒子のドリフト

図 4.9　単純トロイダル磁場中のプラズマ

荷電粒子は**図 4.7** に示したように,磁力線に巻きつくように運動するので,トーラス型の領域から外に出ていかず閉じ込められるようにみえる.しかし,磁力線が図のように曲率半径 R_c で曲がっている場合,磁力線に沿って速度 $v_\parallel$ で動く荷電粒子は,次の遠心力を受ける.

$$F_c = m v_\parallel^2 \frac{R_c}{R_c^2} \tag{4.27}$$

この外力によるドリフトの速度は,(4.26) 式により,

$$v_c = \frac{m v_\parallel^2}{qB^2} \frac{R_c \times B}{R_c^2} \tag{4.28}$$

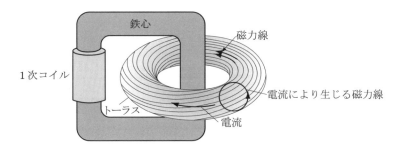

図 4.10　回転変換をもつ磁力線

である．図 4.9（b）に示すように，磁場 B が紙面垂直奥向きであるとき，磁力線の曲率半径は右向きであるから v_c によりイオンは上側へ，電子は下側へドリフトする．v_c に加えて，磁場の値が不均一であることによる ∇B ドリフトも同じ方向に作用する．このため，上側がプラス，下側がマイナスの空間電荷を生じる．この電荷により下向きの電界が発生するが，それは荷電粒子を電荷の符号に関係なく右側，すなわちトーラスの外側に向かってドリフトさせ，結局プラズマはトーラス型領域から逃げ出してしまう．

そこで，トーラスに沿った方向（トロイダル方向）に電流を流し，それが作る磁場（ポロイダル磁場という）を単純トロイダル磁場に重ねると，図 4.10 に示すようなねじれた磁力線が形成される．荷電粒子が磁力線に沿って動くとトーラス上側の電荷と下側の電荷が短絡されるため，図 4.9（b）のような電界は発生せず，トーラス領域にプラズマが閉じ込められる．このような磁力線のねじりを**回転変換**という．電流はトロイダル形のプラズマを 2 次回路とするように構成された変圧器によりパルス的に駆動される．プラズマを流れる電流はプラズマ電流とよばれるが，それには電流円の半径を大きくさせようとする力が働く．この力を打ち消すために，垂直磁場という外部磁場を加える．

閉じ込められたプラズマのエネルギーを W とすると，これは

$$W = W_0 e^{-\frac{t}{\tau}} \tag{4.29}$$

のように時間とともに減少する．これはプラズマが閉じ込め領域から何らかの機構により損失するためで，式中の τ を**閉じ込め時間**といい，磁場配位などに依存する値である．

例題 4.4

図 4.10 で，電流の流れているプラズマを大半径 R，小半径 a のトロイダルリングと考え

た場合，このリングの内部インダクタンスを求めよ．

解答

プラズマ断面内で電流 I が一様に流れているとする．小半径内において，断面の中心から r の距離における磁界は，

$$H = \frac{I_r}{2\pi r} = \frac{1}{2\pi r}I\frac{r^2}{a^2} = \frac{Ir}{2\pi a^2}$$

である．トロイダルリング内の全磁気エネルギー W は，

$$W = \int \frac{1}{2}\mu_0 H^2 \, dV = \frac{1}{2}\int_0^{2\pi}\int_0^{2\pi}\int_0^a \mu_0 H^2 R \, d\phi \, r \, d\theta \, dr$$
$$= \frac{1}{2}\int_0^a \frac{\mu_0 I^2 r^3}{4\pi^2 a^4} 2\pi R 2\pi \, dr = \frac{1}{8}\mu_0 R I^2$$

である．ただし，ϕ はトロイダル方向の角度，θ はポロイダル方向の角度である．よって，内部インダクタンスは，次のようになる．

$$L = \frac{W}{I^2/2} = \frac{\mu_0 R}{4}$$

4.3.3 プラズマの加熱

回転変換を得るためにプラズマ電流を流すと，その電流によるジュール加熱のためプラズマの電子の温度が上がる．ジュール加熱における抵抗は電子とイオンの衝突に起因しているが，電子温度が高くなると衝突周波数が減少し抵抗が小さくなるため，ジュール加熱による電子温度の上昇は 3 keV 程度までである．プラズマの温度をさらに上げるために，中性粒子入射加熱，電子サイクロトロン加熱，イオンサイクロトロン加熱などが行われる．

4.4 核融合発電

4.4.1 核融合の条件

D と T のイオンと電子からなるプラズマを考え，イオンと電子の密度は等しく n とする．D-T 反応において，D イオン（原子核）1 個の衝突周波数 ν_1 は

$$\nu_1 = \sigma v \frac{n}{2} \, [\text{s}^{-1}] \tag{4.30}$$

である．ここで，σ は D-T 核融合の反応断面積であり図 4.11 にその値のエネルギー依存性を示す．同図には他の核融合反応の場合も示している．D-T 核融合反応をまず

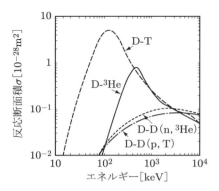

図 4.11 核融合反応の衝突断面積のエネルギー依存性

第1に考えるのは，図から明らかなように，他の反応に比べて低いエネルギーで高い反応断面積をもつからである．

v はいろいろな値をとるので平均すると，

$$\langle \nu_1 \rangle = \langle \sigma v \rangle \frac{n}{2} \tag{4.31}$$

となる．単位体積あたり D は $\frac{n}{2}$ 個であるので，全衝突周波数は

$$\langle \nu \rangle = \langle \sigma v \rangle \frac{n^2}{4} \ [\mathrm{s^{-1} \cdot m^{-3}}] \tag{4.32}$$

となる．1回の衝突（反応）で発生するエネルギーを eE_f とすると，単位時間単位体積あたり発生する核融合エネルギー P_F は次のように表される．

$$P_\mathrm{F} = \langle \sigma v \rangle \frac{n^2}{4} eE_\mathrm{f} \ [\mathrm{W \cdot m^{-3}}] \tag{4.33}$$

単位体積あたりのプラズマのエネルギーは次のようになる．

$$W = n\frac{3}{2}k_\mathrm{B}T_\mathrm{i} + n\frac{3}{2}k_\mathrm{B}T_\mathrm{e} = 3nk_\mathrm{B}T \tag{4.34}$$

ここで T はプラズマの温度で，添字はイオン (i)，電子 (e) を表す．プラズマ粒子の損失により失われる単位体積あたりの損失電力 P_T は，(4.29) 式から次のようになる．

$$P_\mathrm{T} = -\frac{dW}{dt} = W_0 \frac{1}{\tau} e^{-\frac{t}{\tau}} = \frac{W}{\tau} = \frac{3nk_\mathrm{B}T}{\tau} \tag{4.35}$$

プラズマの電子がイオンの近くを通り，そのクーロン力で軌道を曲げられるとき，光子を放出してエネルギーを失う．これを制動放射といい，

$$P_\mathrm{B} = K_\mathrm{B} n^2 (k_\mathrm{B}T)^{\frac{1}{2}} \tag{4.36}$$

の損失電力になる．ここで，K_B は比例定数である．

核融合炉から流れ出す電力を効率 η で変換してプラズマに供給するとすれば，その値がプラズマからの損失電力より大きくなければ核融合は持続しない．したがって，核融合持続条件は

$$P_T + P_B \leq \eta(P_F + P_B + P_T) \tag{4.37}$$

である．P_B を無視すると $P_F \geq \left(\dfrac{1}{\eta} - 1\right) P_T$，つまり

$$n\tau \geq \left(\frac{1}{\eta} - 1\right) \frac{12 k_B T}{\langle \sigma v \rangle e E_f} \tag{4.38}$$

となる．これを**ローソン (Lawson) 条件**といい，図 4.12 にグラフを示す．$\eta \sim 0.3$ とすれば，10 keV において $n\tau \geq 10^{20}$ m^{-3} s が要請される．等号が成り立つ場合，プラズマに対して外部から投入された電力に等しい核融合エネルギーが発生していることになり，これをゼロ出力条件あるいは臨界プラズマ条件ともいう．

核融合反応により発生する ^{4}He（α 粒子）は 3.5 MeV のエネルギーをもち，D や T との衝突によりそれらにエネルギーを供給し，核融合反応を促進する．これを α 加熱という．α 加熱が期待できる場合，外部からエネルギーを投入しなくても核融合反応が持続するので，そのための条件を**自己点火条件**という．これは図 4.12 の点線で示されている．

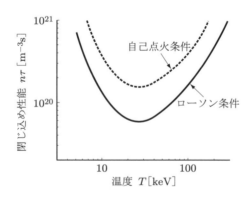

図 4.12 核融合の条件

4.4.2 核融合炉の方式

トカマク型核融合炉　ローソン条件を満たす値（1億 K，$10^{20}\,\mathrm{m}^{-3}$，1 s）を磁場閉じ込めで実現しようとするものがトカマク装置であり，国際協力によって制御熱核融合実験炉 ITER がフランスに建設中である．プラズマ主半径 6.2 m，小半径 2 m，中心トロイダル磁場 5.3 T，プラズマ電流 15 MA で，核融合出力 500 MW，燃焼時間 400 s 以上を目標にしている．

このようなトカマク型核融合炉による核融合発電の構成概念図を図 4.13 に示す．D-T 反応により発生する高速中性子が Li ブランケットに衝突し減速されて，熱エネルギーを発生する．一方，Li と中性子は核反応して T を生産し燃料として利用される．ブランケット内の熱エネルギーは 1 次冷却水により蒸気発生器に送られ，2 次冷却水を加熱して蒸気とする．この蒸気をタービンに作用させて汽力発電を行う．発電電力の一部はプラズマ加熱装置の電源となり，プラズマ温度の維持に使われる．

また，磁場閉じ込め方式のほかの方法として，ヘリカル装置がある．これは，磁力線の回転変換をプラズマ電流ではなく，外部磁場コイルにより生成するもので，通常，ヘリカルコイルによってトロイダル磁場とポロイダル磁場を同時に発生させる．プラズマ電流を必要としないため，定常運転が可能で，電流に基づく破壊的不安定が存在しないなどの利点があるとされている．

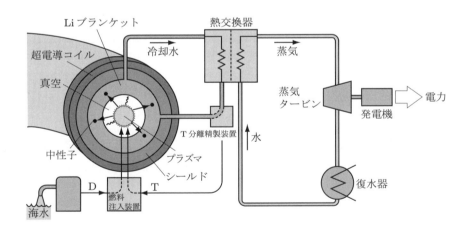

図 4.13　核融合発電の構成

レーザー核融合　一方，1 億 K，$10^{30}\,\mathrm{m}^{-3}$，100 ps の組み合わせでローソン条件を満たそうとするのが，慣性閉じ込め方式を用いるレーザー核融合である．レーザー光を何段にもわたって増幅し，それを数十本まとめて球形のターゲットチャンバーの

中心に集光してパルス的に照射する．中心には直径 $\sim 5\,\mathrm{mm}$，長さ $\sim 15\,\mathrm{mm}$ の金属円筒の中に D と T の氷を球状にしたターゲットが配置されている．この金属円筒の上下からレーザー光が照射され，円筒内壁から放射される X 線がターゲットを球中心に向けて爆縮する．これによって D と T が高温高密度になり核融合が引き起こされる．

先進燃料核融合 D-^{3}He 核融合反応は，D-T 反応とは異なり，主なエネルギー担体が荷電粒子のプロトンである．このため発生エネルギーを熱を介さずに直接電気エネルギーに変換できる可能性をもつ．また，中性子の発生を非常に少なくすることができるので，D-T 反応における壁や構造物の放射化の問題が解消すると期待される．

一方で，D-^{3}He 反応の反応断面積が D-T 反応に比べて小さいため，プラズマには数十 keV の温度が必要とされる（図 4.11 を参照）．このような特性をもつ核融合の燃料である D-^{3}He を先進燃料ということがある．他の先進燃料としては，^{11}B などがある．^{3}He は地球上には存在しないが，月の砂の中や木星のガス層に大量に埋蔵されている．それらを宇宙船で地球に運び核融合炉に供給することを想定しても発電炉としての経済性は保たれるという試算がある．荷電粒子を炉の外部へ導いて直接発電を行うためには，直線型かそれに近い磁場をもつ閉じ込め装置が適している．

演習問題　4

1　水の電気分解は次の反応により進行する．$2\mathrm{H_2O} \to 2\mathrm{H_2} + \mathrm{O_2}$
　このとき，アルカリ水溶液中では陽極において，次の反応により酸素が発生する．

$$4\mathrm{OH}^- \to \mathrm{O_2} + 2\mathrm{H_2O} + 4e^-$$

今，$2.7\,\mathrm{kA \cdot h}$ の電気量が流れたとき，理論的に得られる酸素の質量 [kg] はいくらか．ただし，酸素の原子量は 16，ファラデー定数は $27\,\mathrm{A \cdot h/mol}$ とする．

2　SOFC の各電極における反応式を書け．

3　次の場合における粒子のサイクロトロン周波数とラーマー半径を求めよ．
(a) 地上約 $300\,\mathrm{km}$ の電離層での磁束密度は $5 \times 10^{-5}\,\mathrm{T}$ である．そこでの $0.1\,\mathrm{eV}$ の運動エネルギーをもつ電子．
(b) 磁束密度 $1 \times 10^{-9}\,\mathrm{T}$ の太陽風の中の $100\,\mathrm{km/s}$ の早さのプロトン．
(c) 磁束密度 $8\,\mathrm{T}$ の核融合炉で D-T 反応により発生したアルファ粒子．

4　$\boldsymbol{B} = B_0\hat{\boldsymbol{z}}$，$\boldsymbol{E} = E_0\hat{\boldsymbol{y}}$ の定常電磁界の中で $t = 0$ において原点に静止していた電子の $t > 0$ における軌跡を表す式を示せ．この軌道をサイクロイドという．

5　磁気モーメントの断熱不変性について述べよ．

6　ミラー磁場とそれによる荷電粒子の閉じ込めについて説明せよ．また，ミラー比 5，ミラー中心での磁束密度 $0.5\,\mathrm{T}$ のミラー磁場中で，ミラー中心でのピッチ角が $30°$ のイオンはいくらの磁場強度の範囲内を運動するか答えよ．ロスコーンの角度を求めよ．

第 5 章
エネルギー貯蔵

電気エネルギーの需要量は1日のうちで大きく変化しており，供給側ではそれに追随して発電量を調整している．これは電力の発生と消費の同時性からの要求である．もし，エネルギー，とくに電力を大量に高効率で貯蔵できれば，同時性の束縛から逃れて余裕のある電力システムの運用ができる．現在，これに対応するものは唯一揚水発電である．本章では，まだ小規模ではあるが，高効率にエネルギーを貯蔵するための電力機器として，電池，フライホイール，キャパシタ，超電導コイルなどについて考察する．

5.1 貯蔵の必要性と方式

第1章で示したように，電気エネルギーの需要は1日のうちで大きく変化している．すなわち，深夜早朝のベース負荷，午前や夜の中間負荷，午後のピーク負荷の順に電力需要が増大する．また，1年でみると，夏季や冬季での空調機電力の需要の増大により，やはり需要の変動がある．一方，電力の供給側からみると，たえず一定の定格電力を供給する場合が最も効率が高く，出力を調整したり起動や停止を頻繁に行うほど効率が低下する．そこで，電力需要の少ないベース負荷時に余剰の電力を貯蔵し，ピーク負荷時にはこれを放出することで，発電における出力調整幅を中間負荷相当の範囲内に抑えることができる．これを**負荷平準化**という．

落雷などの自然現象や突発的事故などにより送配電システムに障害が発生し電力供給が瞬間的あるいは短時間だけ遮断したり，電圧が低下したりする場合がある．このような場合，電気通信，データ処理コンピュータ，医療システムなど動作の不安定が許されない負荷に対しては，貯蔵しておいた電力に切り替えて供給し，安定動作を持続させる必要がある．この瞬時変動対応のために電力貯蔵が用いられる．さらに，第3章で述べた再生可能エネルギーによる発電は，自然条件により発電電力が時間的に変動する．電力貯蔵装置を併用すれば，過剰な発電時には貯蔵し，発電量が定格を下回ったときに貯蔵電力を放出すれば瞬時変動対応が可能になり，出力電力の変動を抑えることができる．

エネルギーを貯蔵する場合，どのような形態で行うかにより分類すると以下のようになる．各形態について，貯蔵エネルギーを与える式と，実用化あるいは最も有望な貯蔵装置の具体例も併記する．

力学的エネルギーによる貯蔵には，位置，圧力，運動エネルギーによるものがある．

- 位置　　　MgH　　　：　揚水発電
- 圧力　　　$\int P\,dV$　　：　圧縮空気
- 運動（回転）$\frac{1}{2}I\omega^2$　：　フライホイール

電気エネルギーによる貯蔵には以下のものがある．

- 静電的　　$\frac{1}{2}CV^2$　：　電気二重層キャパシタ
- 電磁的　　$\frac{1}{2}LI^2$　：　超電導コイル

熱エネルギー，化学エネルギーによる貯蔵も可能であり古くから利用されている．

- 熱エネルギー　　　：　蓄熱器
- 化学エネルギー　　：　電池

貯蔵を行おうとするとき，エネルギーの密度とエネルギーの出し入れの効率が問題になる．エネルギー密度は，電池やフライホイールが比較的高いが他は小さい．電気エネルギーとの間でエネルギーの出し入れを行うことを考えると，電池や電気エネルギーを貯蔵するものが有利である．揚水発電やフライホイールの変換効率も高い．

揚水発電は，すでに第 2 章で述べたとおり，負荷平準化用に実用され，$20 \sim 500$ 万 kWh の貯蔵量が一般的である．エネルギー密度は $\sim 1\,\mathrm{kWh/m^3}$ と小さいが，技術的問題がまったくないため広く普及している．最近では，500 m 以上の高落差のものや海水を用いるものなどが新しく導入されている．

電池は新型のものが開発されてエネルギー密度も上昇してきている．高性能電池では $\sim 100\,\mathrm{kWh/m^3}$ 以上が期待できる．

電気抵抗が 0 になる超電導コイルを用いると，磁気エネルギーを減衰なしに貯蔵できる．エネルギー貯蔵量とエネルギー密度を大きくしようとするとコイルに働く電磁力が極めて大きくなり，コイルの機械的支持や冷却の問題が生じる．エネルギー密度として $10\,\mathrm{kWh/m^3}$ 程度が期待されている．

しかし，これらのいずれも石油のエネルギー密度 $5{,}000 \sim 10{,}000\,\mathrm{kWh/m^3}$ には遠くおよばない．

例題 5.1

体積 $1\,\mathrm{m}^3$，圧力 $10^5\,\mathrm{Pa}$ の空気を一定温度のもとで $0.1\,\mathrm{m}^3$ の体積まで圧縮したときの貯蔵エネルギー密度を求めよ．

解答

貯蔵エネルギー W は外部に対してなしうる仕事であるから，

$$W = \int_{V_1}^{V_2} P\,dV = nRT \ln \frac{V_2}{V_1} = P_2 V_2 \ln \frac{V_2}{V_1}$$

である．ここで，n はモル数である．$V_1 = 0.1\,\mathrm{m}^3$, $V_2 = 1\,\mathrm{m}^3$, $P_2 = 10^5\,\mathrm{Pa}$ を代入すると，$W = 10^5 \ln 10 = 2.3 \times 10^5\,\mathrm{J}$ であるので，貯蔵エネルギー密度は $2.3 \times 10^5 / 0.1 = 2.3 \times 10^6\,\mathrm{J/m^3}$ となる．これは $0.64\,\mathrm{kWh/m^3}$ に相当する．

5.2 電 池

電池には1回限りの使用となる1次電池と，充電可能な2次電池があり，エネルギー貯蔵用には2次電池が用いられる．**鉛蓄電池**は古くから用いられているもので広く普及している．最近では新しいタイプの高性能電池が開発され，大容量化も進みつつある．電池のエネルギー密度は高く，$10 \sim 100\,\mathrm{kWh/m^3}$ であり，貯蔵量として $\sim 80\,\mathrm{kWh}$ のものがある．

主な電池の電極材料と電解質の種類，起電力および実現されているエネルギー密度を表 5.1 に示す．

表 5.1 各種 2 次電池

	負極	正極	電解質	起電力 (V)	エネルギー密度 (Wh/kg)
鉛蓄電池	Pb	PbO_2	H_2SO_4	2	35
ニッカド電池	Cd	NiOOH	KOH	1.2	55
ニッケル水素電池	MH	NiOOH	KOH	1.2	75
リチウムイオン電池	C	$LiNiCoO_2$	$LiPF_6$/PC	3.6	150
NAS 電池	Na	S	ベータアルミナ	2	200

また，反応式は次のとおりである．

鉛蓄電池

$$PbO_2 + 2H_2SO_4 + Pb \rightleftarrows 2PbSO_4 + 2H_2O \quad (\rightarrow 放電,\ \leftarrow 充電)$$

リチウムイオン電池

$$\text{Li}_x\text{C} + \text{Li}_{1-x}\text{CoO}_2 \rightleftarrows \text{C} + \text{LiCoO}_2 \quad (\rightarrow 放電, \leftarrow 充電)$$

ナトリウム-硫黄 (NAS) 電池

$$2\text{Na} + \text{S} \rightleftarrows \text{Na}_2\text{S} \quad (\rightarrow 放電, \leftarrow 充電. 使用温度は約 300°\text{C})$$

鉛蓄電池は古くから実用に供され，小型から大容量まで各種サイズのものがあり，シール型のものは取り扱いも容易であるが，重量あたりの電力量が小さいのが欠点である．また，鉛を含むため，廃棄時に環境への影響が生じる．

ニッカド電池は小型 2 次電池として普及しているが，Cd の適切な処理が環境対策上必要である．それを改良したものが**ニッケル水素電池**であり，放電持続時間も長く，高性能である．ただし，両電池は充放電サイクルを適切に管理しないと，メモリ効果とよばれる見かけ上の性能低下が起きる．

リチウムイオン電池は，負極と正極の間で Li イオンがやりとりされるだけの単純な機構のため，効率が高く，メモリ効果もない．小型のものから大型の電力用まで普及が進展している．

ナトリウム-硫黄 (NAS) 電池は，電力負荷平準用として開発されてきているもので，300°C の動作温度を必要とするものの，他の電池に比べて大きな理論エネルギー密度をもつ．概略構造を**図 5.1** に示す．350 kWh 程度の容量のモジュールが変電所に設置され，負荷平準化用に運用されている．

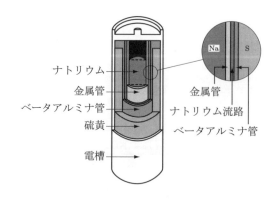

図 5.1　NAS 電池

5.3 フライホイール

フライホイール (flywheel) とは，慣性モーメントの大きな物体を高速回転させて保持し，その力学的エネルギーを貯蔵するもので，図 5.2 にその概略を示す．

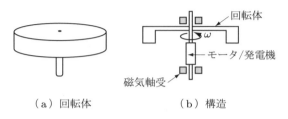

図 5.2　フライホイール

蓄積エネルギーは $W = \frac{1}{2}I\omega^2$ で与えられる．ここで，I は慣性モーメント $[\text{kg m}^2]$，ω は回転角速度 $[\text{rad/s}]$ である．フライホイールはエネルギー貯蔵密度が $50 \sim 100\,\text{kWh/m}^3$ とかなり高いが，大型のものを作るのが困難であり，貯蔵量が $10\,\text{kWh}$ 程度のものが研究開発中である．小型のものは瞬低対策用に実用化されている．

貯蔵エネルギーを大きくするために重量の大きなフライホイールを用いようとすると，垂直方向の軸受けでの摩擦損失が問題になる．通常は，永久磁石によりホイールを浮上させて非接触で保持する方式が使用されているが，超伝導電磁石による方式も開発されており，$25\,\text{t}$ のホイールを $2{,}000\,\text{rpm}$ で回転させている．これにより摩擦損失はほぼ 0 になり，さらに回転の空気抵抗を低減させるために，ホイールを真空中におく．

5.4 キャパシタ

キャパシタを形成する誘電体として電解質を用い，電極界面に近接して電気 2 重層とよばれる電荷層を形成して，電解質イオンを吸着・脱着して充放電を行うものを**電気 2 重層キャパシタ**という．電池と異なり化学反応をともなうものでないので，高速な充放電ができ，繰り返し寿命も長いとされている．他のタイプのキャパシタと比べて体積あたりの容量が桁違いに大きいのが特徴である．ただし，単体の耐電圧は非常に低く数 V 程度である．これをスタックして $400\,\text{V}$，$8.8\,\text{F}$ のものが $3\,\text{m}^3$ 程度の容積で製作され，また大容量型の $625\,\text{V}$，$128\,\text{F}$ のものも試作され，瞬低補償装置として適用され始めている．

5.5 超電導コイル

5.5.1 超伝導の原理

　超伝導とは，金属や酸化物を含む金属などの電気抵抗が，ある温度以下で0となる現象であり，1911年にオンネス (Onnes) により水銀の電気抵抗が $4.2\,\mathrm{K}$ でほぼ0になることが発見されたのが最初である．電気抵抗が0になる温度を転移温度という．超伝導体で閉回路を作りそれに電流を流すと，永久に流れ続けることになる．超伝導体は外部からの磁束の侵入を排除する性質があり，**マイスナー (Meissner) 効果**という．

　電気抵抗は電子が金属結晶内を移動するとき，有限温度に基づく結晶格子振動により移動を妨げられるために生じるものである．絶対零度では格子振動は生じないが，格子を構成する金属イオンに電子が近づくと両者間の静電力でイオンが振動し，やはり電気抵抗は生じる．しかし，電子2個がペアとなり第1の電子によりイオンに与えたエネルギーを第2の電子が全て回収すれば電子のエネルギー損失は生じない．格子とやりとりされるエネルギーは量子化されており，特定の値しかとれないのでこのようなことが可能である．また，このとき電気抵抗が0になるためには，全ての電子が最低エネルギーの量子状態に凝縮することが必要であるが，二つの電子のペアがフォノン（格子振動に対応）を介して運動量を交換することにより斥力でなく引力をおよぼしあうためにボーズ (Bose) 凝縮するものとされている．これを BCS 理論[†]という．

■ **第1種超伝導と第2種超伝導**　純粋な金属の超伝導体は第1種超伝導体に属し，外部から磁場を印加しその強さを増していくと，最初は磁場を完全に排除するが，ある磁場強度以上では超伝導から常伝導に戻ってしまう性質をもつ．この変化が起きる磁場強度を**臨界磁場**という．臨界磁場は転移温度では0であり，温度を転移温度以下にしていくと増加する．したがって第1種超伝導体は磁束密度にして $10^{-2}\,\mathrm{T}$ オーダーしか加えることができず，超伝導を利用した低損失の強力な電磁石として用いることができない．

　これに対して，金属の合金や酸化物を含む金属などは第2種超伝導体となることがある．第2種超伝導体は臨界磁場が2点あり，第1の値までは第1種超伝導体と同様に磁場の侵入を完全に排除しているが，第1と第2の値の間では，部分的に磁場の侵入を許して，内部のスポット的に常伝導になった部分に磁場を捕捉している．第2の臨界点以上の磁場では，完全に超伝導の性質を失う．第2種超伝導体の許容磁場は第1種

[†] 人名バーディーン (Bardeen)，クーパー (Cooper)，シュリーファー (Schrieffer) の頭文字をとったもの

超伝導体の数十倍以上におよぶので，強力な超伝導電磁石を作ることが可能である．

第2種超伝導体において内部に侵入した磁束は量子化されており，磁束量子とよばれている．その磁束量子が第2種超伝導体内部の格子欠陥や不純物の位置に捕捉されているわけで，これを磁束のピン止めという．

■ **高温超伝導** LaBaCuO系をはじめとするY系やBi系の銅酸化物は，金属や金属化合物に比べて極めて高い温度でも超伝導を示し高温超伝導体とよばれる．高温超伝導体の転移温度は数十Kから160Kにもなり，冷却のために液体ヘリウム（〜4K）を必要とせず液体窒素(77K)で十分であることから，電気機器などへの応用が急速に開けた．しかし，高温超伝導体を長い線材に加工するのは容易ではなく，研究開発が進められている．

例題 5.2

第1種と第2種の超伝導体の磁化特性の違いを示せ．

解答

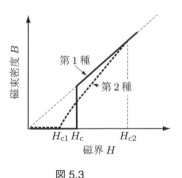

図 5.3

図5.3に示すように第1種超伝導体は磁界が H_c までは完全に磁場を排除し磁束密度が0（完全反磁性）であるが，H_c を超えると常磁性になる．一方，第2種超伝導体は，磁界が H_{c1} までは第1種超伝導体と同様に磁場の侵入を完全に排除しているが，H_{c1} と H_{c2} の間では，部分的に磁場の侵入を許して，内部のスポット的に常伝導になった部分に磁場を捕捉している．H_{c2} 以上では常磁性である．

5.5.2 ■ 超電導線材

超伝導は超電導と書いてもよい．一般的な規則ではないが，物性的な内容を重視する場合は超伝導，その電気抵抗が0という性質を応用する工学的な内容の場合は超電導とする場合が多い．ここでは以後，超電導と述べることにする．

超電導線で電磁石を作ろうとする場合，超電導材の転移温度，臨界磁場に加えて臨界電流密度の限界値を超えないように設計する必要がある．これまでに実用化されている線材は，NbTi, Nb$_3$Sn, V$_3$Ge などがある．これらはいずれも第2種超電導体である．

超電導線に電流が流れている状態で，温度，磁場，電流密度のいずれかが部分的にでも限界値を超えると超電導から常電導に転移してしまうことがあり，これを**クエンチ** (quench) という．クエンチが起こると，大きな磁気エネルギーが解放されるため，コイルの溶断などの事故につながる恐れがある．それに至らなくても，発熱が生じるためその熱を逃がす必要があるが，超電導体の熱伝導率は低い．このため，超電導体に沿って Cu などの電気伝導および熱伝導のよい導体を並行しておき，超電導体の一部が常電導化したとき，電流がその近くの Cu 部をバイパスして流れるようにしておく．Cu は電気抵抗があるが，そのジュール熱は熱伝導によりすみやかに取り去ることができる．このような Cu を**安定化材**という．

超電導線材は液体ヘリウムで冷却して用いる強力な電磁石に使われる．超電導線材をコイル状に巻いた電磁石を入れる低温容器をクライオスタットという．4.4 節で述べたトカマク装置のトロイダルコイルや医療機器の MRI 装置などでは，このようにして数 T の磁場を発生させている．

5.5.3 ● 超電導磁気エネルギー貯蔵

前節で述べた超電導線材を用いてコイルを作り，電流を流すと，電気エネルギーを直接，しかも無損失で貯蔵可能なものとなる．この目的のものを**超電導磁気エネルギー貯蔵** (superconducting magnetic energy storage: **SMES**) 装置とよぶ．

インダクタンス L のコイルに電流 I を流すと，$W = LI^2/2$ の磁気エネルギーが蓄えられたことになる．常電導のコイルでは必ず抵抗 R があるため，電流は L/R の時定数で減衰し W はすぐに 0 になってしまう．しかし，超電導のコイルでは $R = 0$ であるから W は永久に保持される．この W の一部を必要なときに取り出して使う，というのが SMES の使用法である．

図 5.4 のように NbTi や Nb$_3$Sn などの超電導体を線材に加工してコイルとし，それを液体 He の容器に入れて 4 K 程度まで冷却するとコイルの電気抵抗が 0 になる．外部電源によりこのコイル L_s に電流 I を流すとその電流は減少せずいつまでも持続するので，$\frac{1}{2}L_s I^2$ のエネルギーが蓄えられていることになる．

今，図 5.4 において，S_2, S_3 を OFF にし，S_1 を ON にして電流を 0 から I まで上昇させる．ここで S_2 は，短い超電導線にヒーターを巻いたものであり，ヒーター

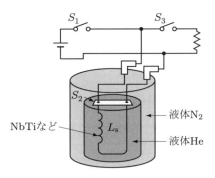

図 5.4　超電導コイルの構造

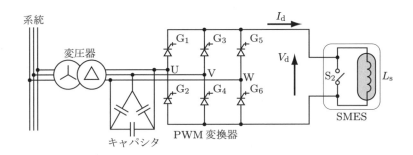

図 5.5　SMES の系統への接続

を ON にすると温度が上昇し常電導となるので電気抵抗が増加する．他の部分の抵抗は非常に小さいので，S_2 を OFF にしたことになる．S_2 を ON にするにはヒーターを OFF にして超電導化する．電流が I まで上昇したら，S_2 を ON，S_1 を OFF にして，コイルに I を保持する．蓄積エネルギー $\frac{1}{2}L_s I^2$ を取り出すには S_3 を ON，S_2 を OFF にする．

　SMES を系統と接続し，電力を貯蔵したり，放出したりするには図 5.5 に示すような接続を行う．系統から変圧器と PWM（パルス幅変調方式）変換器を介して SMES が接続されており，変換器内のゲートターンオフサイリスタ (gate turn-off thyristor: GTO) により回路をスイッチングすることで SMES に適切な電圧 V_d を与えて SMES 電流 I_d を制御し，系統から SMES へ，あるいはその逆に電力を伝送する．キャパシタは平滑用である．

　図 5.6（a）は 5,000 kW の電力を最大 1 s 間供給可能な SMES の構造図を示し，同図（b）はそれに使われている超電導コイルの写真である．

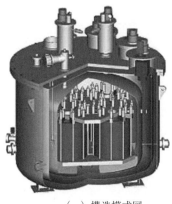 

（a）構造模式図　　　　　　　　（b）コイルの写真

図 5.6　5,000 kW 1 s の超電導磁気エネルギー貯蔵装置（出典：中部電力 HP）

例題 5.3

超電導コイルの磁束密度が 5 T であるとき，エネルギー貯蔵密度を求めよ．

解答

磁場のエネルギー密度は $w = \dfrac{B^2}{2\mu}$ であるから，

$$w = \frac{5^2}{2 \times 4\pi \times 10^{-7}} = 9.9 \times 10^6 \text{ J/m}^3$$

これを換算して，2.8 kWh/m^3 を得る．

演習問題　5

1　レドックスフロー電池の構造と用途を説明せよ．
2　可変速揚水発電について述べよ．
3　25 t のフライホイールが 2,000 rpm で回転しているときの貯蔵エネルギーを求めよ．ただし，ホイールは直径 2 m の一様な鉄の円筒とする．
4　図 5.5 の超電導コイルと交流系統との連系方式について説明せよ．

第 6 章
電力輸送と変電

　大規模水力発電所や原子力発電所は主な電力需要地である都市から離れた場所に設置されているため，遠距離の電力輸送が必要である．電力輸送に用いられる電線は有限の抵抗をもつため電力損失が生じる．この電力損失を減らすためには，送電電圧を高く設定することが有効である．一方，都市などの需要地近くでは需要家の利用に適した電圧に変換する必要がある．このように，電力輸送では，何種類かの電圧を使い分けながら効率よく輸送することが必要であり，そのために電圧を変換する設備が変電所である．本章では，電力輸送の概要を述べたあと，変電について詳しく学ぶ．

6.1　電気エネルギーシステム

　電気エネルギーシステムとは，1.5 節で述べたように，電気エネルギーの発生から送電，配電を経て最終需要家へ届くまでの設備とその運用制御を表す言葉である．第 6 章から第 8 章では，発電所の発電機出力を需要家まで輸送する役割を担うシステム，すなわち，変電，送電，配電に関して学ぶが，ここではまずその全体像を示す．

6.1.1　電気エネルギーの輸送

　図 6.1 に発電所からの電力が，変電所，**送電線**，**配電線**を経由して，工場，鉄道，ビル，一般家庭などの需要家に輸送される様子を示している．

　発電所の発電機は 2.4 節で説明した三相同期発電機であり，その周波数は西日本では 60 Hz，東日本では 50 Hz である．また，発電機出力電圧は $10 \sim 25\,\mathrm{kV}$ であるが，都市部から離れた発電所から需要地へ輸送する場合，電圧が高いほど送電損失が少ないので，発電所内で変圧器により昇圧し送出する．この電圧は発電所の種類により異なるが，おおよそ $275\,\mathrm{kV}$ から $500\,\mathrm{kV}$ の範囲である．このような高電圧の電力が図 6.1 で示された送電ネットワークの送電線により都市近郊まで輸送される．

　超高圧変電所や 1 次変電所は，これらの電力や都市近郊の発電所からの $154\,\mathrm{kV}$ 級の送電電力を集めて電圧を下げ，需要家に近い中間変電所，配電用変電所へと分配輸送する．このときの電圧は $66 \sim 22\,\mathrm{kV}$ である．配電用変電所以降から需要家までのルートは配電とよばれ，さらに低い電圧が使用される．

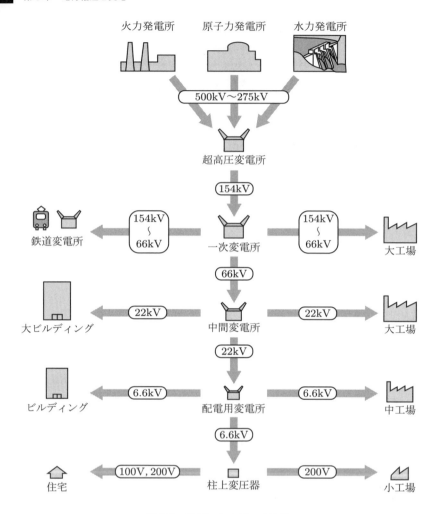

図 6.1 電気エネルギーの輸送

6.1.2 ■ 電圧と電気方式

前項のように電気エネルギーの輸送では，種々の電圧が用いられる．表 6.1 にそれらの電圧の種類をまとめる．

交流の送配電にはいくつかの配線方法があり，これを電気方式という．図 6.2 には，(a) 単相 2 線式，(b) 単相 3 線式，(c) **三相 3 線式**，および (d) 三相 4 線式について接続方法を示している．各図で左側が電源，右側が負荷であり，それらを結ぶ線が送電線あるいは配電線に相当する．2.4 節で述べたように，発電機は三相同期発電機であり，発電所からの送電線には通常 (c) の三相 3 線式が用いられる．(c) におい

表 6.1 日本の標準送配電電圧

公称電圧 [kV]	最高電圧 [kV]	通称
500	525 または 550	超超高圧 (UHV)
220/275	230/287.5	超高圧 (EHV)
154/187	161/195.5	特別高圧 (特高)
110	115	
66/77	69/80.5	
33	34.5	
22	23	
11	11.5	
6.6	6.95	高圧
3.3	3.45	
0.2/0.1		低圧

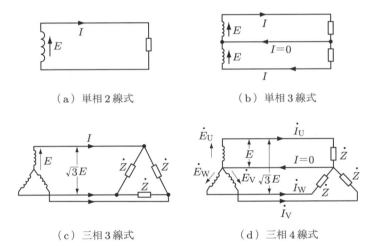

図 6.2 電気方式

て，電源側の各相の接続形態を **Y 結線**，負荷側の接続形態を **Δ 結線** という．(d) の三相 4 線式では，電源側，負荷側とも Y 結線になっており，**中性点** (Y 結線の中心点) どうしを 4 番目の線で接続している．三相が平衡しているときは，中性点を結ぶ**中性線**には電流は流れない．(a) や (b) の方式は配電線で用いられる．

6.1.3 ■ 三相交流の電力

図 6.2（d）において，負荷に供給される電力を考えよう．三相電源の各相の電圧は**相電圧**といい，(2.73) 式に与えられているとおりである．それらを再掲すると，

$$\dot{E}_U = \dot{E}, \quad \dot{E}_V = \dot{E}e^{-j\frac{2\pi}{3}}, \quad \dot{E}_W = \dot{E}e^{-j\frac{4\pi}{3}} \tag{6.1}$$

となる．ここで 2.4 節と同様，E は**実効値**であり，三相は平衡しているとして，中性線を取り除いて考える．このとき，**線間電圧**は $\sqrt{3}\,E$ であり，以後単に電圧という場合は線間電圧を意味する．負荷も各相同一の値 $\dot{Z} = R + jX$ をもつとし，その**力率**を $\cos\phi$ とする．ここで，$\phi \equiv \tan^{-1} X/R$ であり，ϕ は負荷を流れる電流と電圧の位相差でもある．さて，回路には重ね合わせの理が適用できるので，三つの電源のうちまず一つを考えると，図 6.3 のようになり，U 相の電流を i_U とすると，$\dot{E}_U = i_U(\dot{Z} + \dot{Z}/2)$ である．したがって，$i_U = \dfrac{2\dot{E}_U}{3\dot{Z}}$ を得る．また，他の相の電流は $-i_U/2$ となる．他の電源が個別に接続された場合も同様であるので，$i_{V/W} = \dfrac{2\dot{E}_{V/W}}{3\dot{Z}}$ が得られる．三つの回路を重ね合わせると，本来の回路の**線電流** $\dot{I}_U$ は，

$$\dot{I}_U = i_U - \frac{i_V}{2} - \frac{i_W}{2} = \frac{2E}{3\dot{Z}}\left(1 - \frac{e^{-j\frac{2\pi}{3}}}{2} - \frac{e^{-j\frac{4\pi}{3}}}{2}\right) = \frac{E}{\dot{Z}} \tag{6.2}$$

となる．回路の対称性から他の相の線電流の大きさも $|\dot{I}_U| \equiv I_U$ であるから，負荷で消費される電力 P は，

$$P = 3|\dot{I}_U|^2 \operatorname{Re} \dot{Z} = 3\left|\frac{E}{\dot{Z}}\right|^2 |\dot{Z}|\cos\phi = \sqrt{3}\left(\sqrt{3}\,E\right)\left|\frac{E}{\dot{Z}}\right|\cos\phi \tag{6.3}$$

となる．ここで，線間電圧の大きさ $V = \sqrt{3}\,E$，線電流の大きさ $I = \left|\dfrac{E}{\dot{Z}}\right|$ であるから，対称三相交流の電力は，次のように表される．

$$P = \sqrt{3}\,VI\cos\phi \tag{6.4}$$

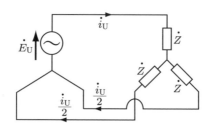

図 6.3　1 相のみの電源を考えた回路

6.1.4 ■ 有効電力と無効電力

前項の (6.4) 式は負荷に消費される電力であり，これを**有効電力**とよぶ．一方，電源から負荷へは供給されるが，消費されずに再び電源側へ戻される電力を**無効電力**といい，

$$Q = \sqrt{3}\,VI\sin\phi \tag{6.5}$$

で表す．すなわち，負荷へ供給される複素電力は $\dot{S} = P + jQ$ である．これはまた

$$\dot{S} = \dot{E}_\mathrm{U}\dot{I}_\mathrm{U}{}^* + \dot{E}_\mathrm{V}\dot{I}_\mathrm{V}{}^* + \dot{E}_\mathrm{W}\dot{I}_\mathrm{W}{}^* \tag{6.6}$$

から求まる値と一致する．ここで，$*$ は複素共役を表す．

例題 6.1

(6.6) 式が $P + jQ$ に等しいことを示せ．

解答

$$\dot{E}_\mathrm{U}\dot{I}_\mathrm{U}{}^* = \dot{E}_\mathrm{U}\frac{\dot{E}_\mathrm{U}{}^*}{\dot{Z}^*} = |\dot{E}_\mathrm{U}|^2\frac{\dot{Z}}{|\dot{Z}|^2} = EI\frac{\dot{Z}}{|\dot{Z}|} \quad \text{同様に } \dot{E}_\mathrm{V}\dot{I}_\mathrm{V}{}^* = \dot{E}_\mathrm{W}\dot{I}_\mathrm{W}{}^* = EI\frac{\dot{Z}}{|\dot{Z}|}$$

よって $\dot{S} = 3EI\dfrac{\dot{Z}}{|\dot{Z}|} = \sqrt{3}\,VI(\cos\phi + j\sin\phi)$
$= P + jQ$

となり，証明された．

6.2 ■ 変電所

6.2.1 ■ 変電所の役割

前節で述べたように，電力の輸送には様々な経路を用い，それぞれの経路に様々な電圧が使用される．そのため，いくつかの経路からの電力を集めたり，集めた電力を分配したり，また，ある電圧を別の電圧に変換することが必要になる．これらを行う施設が**変電所**である．変電所の機能をまとめると，

- 電力の集中，分配
- 電圧の変成・調整・変換
- 潮流制御
- 系統保護

となる．すなわち，多くの発電所で発生された電力は，いったん変電所に集められ（集中），地域・需要家ごとに送られる（分配）．送り出す際に，各線路の適切な電圧に設定される（変成）が，負荷の状況に応じて，無効電力も含めた細かな調整も行われる．さらには，変電所間の電力の流れ（**潮流**）を制御したり，また，故障などの影響が大規模に波及しないよう，経路の遮断や切り替えなどの役割（系統保護）も担っている．

6.2.2 ■ 変電設備

一般的な変電所の単線結線図を図 6.4 に示す．これは，三相 3 線式の配線で，3 線を 1 本の線で表したものである．

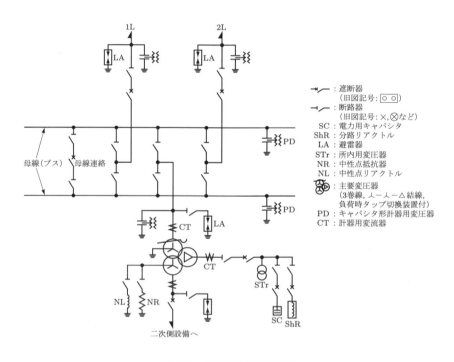

図 6.4　変電所の単線結線図

図の例では，変電所への入力線（電源側）として 2 回線があり，それらは**断路器**と**遮断器**の組を経由して**母線**とよばれる変電所内の主配線に接続されている．母線はこの場合 2 系統あり，断路器を経て任意の片方，あるいは両方から**主変圧器**の 1 次側に接続される．このように，2 回線の線路や複数の母線を用いるのは，事故時のバックアップのためである．主変圧器の 2 次側では変成された電圧をもつ出力が，出力線（負荷

側) へ出ていく. 配線のいくつかの場所には, 電圧と電流を測定するための計器用機器が取り付けられている. 以下, これらの主要機器について詳しく述べる.

■ **変圧器** 変圧器は1次側の電圧を降下させて2次側で取り出し, それを次の変電所へ向けて送電するもので, 設備の中で重要な地位を占め, 主変圧器とよばれることが多い. これに対し, 所内で必要な電源を得るための変圧器を**所内変圧器**という.

主変圧器は, 1次巻線や2次巻線に関する定格が定められており, **定格2次電圧**, **定格力率**において2次側の電圧と電流の大きさの積, すなわち**皮相電力 [VA]** を**定格容量**という.

図 6.5　主変圧器の例 ((株)きんでん提供)

一般に三相変圧器は1組の**鉄心**に3回路分の巻線をもつが, とくに定格容量が大きい場合は, 単相変圧器を各相に1台ずつ使うことが多い. 図 6.5 は1次側 500 kV, 2次側 275 kV の主変圧器で, 相ごとに1台を使用し, 計3台で構成されている.

主変圧器の1次と2次巻線は, Y–Y, Y–Δ, Δ–Y, Δ–Δ 結線が用いられる. 変圧器の鉄心は**ヒステリシス特性**をもつので, 巻線電流は正弦波からひずみ, 高調波成分をもつ. Δ巻線はこの3倍高調波を還流させる機能があるので, 1次側か2次側のどちらかを Δ 結線にする. また, Y–Y 結線の場合や, その他の場合でも, 3次 Δ 巻線を設けて還流効果を高める場合も多い. 図 6.4 の主変圧器は三つの巻線をもち, 1次-2次は Y–Y 結線で, 3次 Δ 巻線は所内変圧器の1次側へ接続されている.

負荷の状況に応じて2次側電圧を調整するために, 巻線の途中から**タップ**(端子)を出し, 1次-2次巻線比を切換られるようにした**負荷時タップ切換式**のものがある. タップ切換は運転しながら行うことができる.

主変圧器は, 巻線の絶縁の形態から, **油絶縁**, **固体絶縁**, **ガス絶縁**に分類される.

油絶縁は，絶縁油で絶縁を保つもので，最も一般的に使用される．油は絶縁耐力が高く，引火点温度が高く，粘度は低く，比熱が大きく，しかも化学的に安定なものが望ましい．しかし，火災の危険性があるために，都市部などでは他形態のものが使われる．固体絶縁は，巻線をエポキシで固めたもので，**乾式変圧器**ともよばれる．ガス絶縁は，絶縁性に優れた気体（**六フッ化硫黄**; SF_6）とともに変圧器を密閉容器に収納したものである．

油やガスは絶縁だけでなく冷却の役割ももち，そのために循環させる必要がある．

▌**遮断器** 図 6.4 の変電所結線図において，各所に遮断器が設置されている．送電線や変電所設備機器が故障したり，落雷などによる異常電圧・電流が発生した場合，回路には異常に大きな電流が流れ，放置すると故障や事故をさらに増大しかねない．これらの異常を検知して短時間のうちに回路を遮断し，健全な部分から切り離す役割をもつものが遮断器 (circuit-breaker) である．これはまた，通常時の回路の接続換えや保守点検時の回路の開閉にも使用される．

大電流が流れている回路を切ると，遮断器接点間に**アーク**とよばれる電離した経路が空間に形成され，接点は離れてもアーク放電により電流は流れ続ける．このアークをどのように消すかで遮断器の方式が分類される．アーク放電を消滅させることを消弧という．

油遮断器は，絶縁油で消弧するものである．**空気遮断器**は，高圧の空気を吹き付けて消弧する．**ガス遮断器**は，先に述べた SF_6 で消弧する．また，アークを起こさないようにするための**真空遮断器** (vacuum circuit-breaker; VCB) もある．

図 6.6（a），（b）はそれぞれ空気遮断器，ガス遮断器で，いずれも 500 kV 用である．（c）はガス遮断器の内部構造を示している．通常は固定電極と可動電極が接触しているが，遮断のため可動電極が左側に動いて接点が離れると，アーク放電が生じる．このとき，右側のシリンダーから SF_6 ガスをアークに吹き付けて消弧する．SF_6 ガスにはアーク中の荷電粒子を付着させる性質があり，消弧効果に優れている．

落雷や事故時の過大電圧から変電設備を保護するために避雷器があるが，これについては次章 7.4 節で詳しく述べる．

▌**断路器** 断路器 (disconnecting switch) は，回路接続の変更や変電所設備の点検保守作業のために，回路を開閉するものである．断路器による回路の開閉は，その回路に電流が流れていないか，流れていても無負荷の場合（変圧器の励磁電流のみの場合など）に限り操作可能である．開閉は手動で行う場合が多いが，遠隔操作型もある．図 6.7 は 154 kV 用の断路器を示している．

▌**GIS** SF_6 ガスは絶縁特性が優れているため，これを絶縁に用いた母線，遮断器，断路器を一括統合した **GIS** (gas insulated switchgear) とよばれる設備が用いられる．

(a) 空気遮断器((株)きんでん提供)　　(b) ガス遮断器((株)きんでん提供)

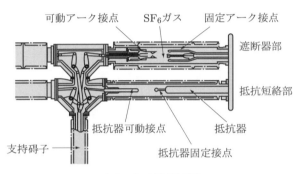

(c) ガス遮断器構造

図 6.6　遮断器

GIS は図 6.8 に示すように，個々の設備機器を金属容器に収納し SF_6 ガスを充填している．

これにより，設備が小型になって変電所の敷地を節約できるとともに，高圧部分が密閉されているので安全性が高く，耐環境性もよい．しかし，内部故障時には，密閉されていることから，修理に時間がかかり，復帰までの時間は長い．

都心での大電力需要を効率的に賄うため，超高圧のまま都心まで送電し，地下に設置したガス絶縁主変圧器と GIS により安全に変電を行い，都心各地に配電するためにも使用されている．

■ **計器用変成器**　変電所で行う様々な制御のためには，端子ごとの電圧や線路ごとの電流を測定する必要がある．これらの電圧や電流は，通常の計器で直接には計れない大きな量であるので，計器のための変成器が用いられる．

電圧測定のためには，**計器用変圧器** (potential transformer: **PT**) や，キャパシタで分圧するもの (potential device: **PD**) が用いられる．また，電流測定のためには**計**

図 6.7　断路器（(株)きんでん提供）

図 6.8　77 kV 用 GIS の例（(株)きんでん提供）

器用変流器 (current transformer: **CT**) が用いられる．電気光学素子とレーザー光を用いた非接触電界・磁界検出法の進歩により，光 PD や光 CT とよばれるものを用いた電圧・電流の測定も利用されつつある．

■ **調相設備**　6.1.4 項で述べたように，需要家の負荷には有効電力だけでなく，無効電力を供給する必要がある．有効電力は発電所からしか供給できないが，無効電力は送電線路や配電線路のどの位置で供給してもよい．負荷に近い場所で供給するほど，線路における電力損失が減少するので有利である．需要地に近い変電所では，無効電力を監視して必要な制御を行うことも重要な役割の一つである．有効電力と無効電力の比が変わると，電圧と電流の位相差が変化するため，無効電力を調整するための設備を**調相設備** (phase modifying equipment) とよぶ．

　電力用キャパシタは最も一般的な調相設備であり，**遅れ力率**の負荷と並列に接続して電流位相を進めること（進相）ができるが，容量切り替え式なので段階的な変化しかできない．伝送線にケーブルを用いるなど遅相向きの調整が必要な場合は，**分路リアクトル**を用いる．図 6.9（a），(b) はそれぞれ 22 kV 用の電力用キャパシタ，154 kV 用の分路リアクトルである．

　また，**遅相**から**進相**まで連続的に変化できる**同期調相機**があるが，回転機であるために，保守などに難点がある．最近は，半導体素子を用いた**静止型無効電力補償装置**や**静止型無効電力発生装置**などがある．

■ **その他の装置**　これまで述べたもののほか，システムの状態を監視し，保護するために，**継電器** (relay) およびその制御装置がある．継電器は，旧来の電磁形から発展し，トランジスタやマイクロプロセッサを組み込んだものが開発されてきている．また，制御装置も，運転者の判断を要しない自動化されたものや，膨大な運転情報から適切な運転を助言するシステムも開発されている．さらに，規模の小さな変電所など

　　　（a）電力用キャパシタ　　　　　　　（b）分路リアクトル

図 6.9　調相設備（(株)きんでん提供）

では運転者自体を排除し，無人の状態で遠隔制御できるような設備の導入も図られている．

　また新しい流れとして，電力貯蔵装置による負荷の平準化がある．これまでは，夜間の余剰電力を使って揚水し，昼間の需要ピーク時に発電する揚水発電所によってのみ負荷平準化がなされてきた．近年の技術開発により，第 5 章で述べた NAS 電池やレドックスフロー電池の大型のものが実用化され，変電所に設置して夜間充電，昼間放電させることにより，負荷平準化に寄与するようになってきている．

6.2.3 ■ 変圧器の運用

全日効率　変電所の最も重要な機器は主変圧器である．2.4 節で説明したように，変圧器の損失には鉄損と銅損があり，電力を損失するので，主変圧器は損失が最も少なくなるように効率的な運用をする必要がある．

例題 6.2

定格容量 P_N，鉄損 P_i，全負荷銅損 P_c の変圧器が力率 1 の負荷に P の電力を供給している．効率を求めよ．また，効率が最大になる供給電力はいくらか．

解答

銅損は負荷電流の 2 乗に比例するので，負荷電力 P のときの銅損は $P_c(P/P_N)^2$ である．したがって効率は，

$$\eta = \frac{P}{P + P_i + P_c\left(\dfrac{P}{P_N}\right)^2} = \frac{1}{1 + \dfrac{P_i}{P} + P_c\dfrac{P}{P_N^2}} \tag{6.7}$$

で与えられる．これが最大になるのは，分母が最小になるときである．分母の第 2 項と第 3 項の積が $P_\mathrm{i} P_\mathrm{c}/P_\mathrm{N}{}^2$ で一定値である．2 数の積が一定の場合，和が最小になるのは両者が等しいときであるから，効率最大の条件は，次のようになる．

$$P = P_\mathrm{N} \sqrt{\frac{P_\mathrm{i}}{P_\mathrm{c}}}$$

変圧器を 1 日運転した場合の，全入力電力量に対する負荷電力量の比を全日効率という．負荷の力率を $\cos\phi$，負荷への電力供給時間を T [h] とすると，全日効率は，

$$\eta = \frac{PT \cos\phi}{PT \cos\phi + 24 \cdot P_\mathrm{i} + P_\mathrm{c}\left(\dfrac{P}{P_\mathrm{N}}\right)^2 T} \tag{6.8}$$

である．ここで各記号の定義は例題 6.2 のとおりである．

■ **百分率インピーダンス**　2.4 節でも述べているが，回路にあるインピーダンス Z があるとき，そのインピーダンスに定格電流 I_N が流れているときの電圧降下を定格電圧 V_N で割ったものを百分率インピーダンスあるいは百分率インピーダンス降下という．式で表すと，

$$\%Z = \frac{I_\mathrm{N} Z}{V_\mathrm{N}} \times 100 = \frac{P_\mathrm{N} Z}{V_\mathrm{N}{}^2} \times 100 \tag{6.9}$$

である．ここで，P_N は定格容量である．三相の場合は，線間電圧を用いるのが普通なので，V_N のかわりに $V_\mathrm{N}/\sqrt{3}$ を用いる必要がある．

$\%Z$ の値は定格容量により変化するので，定格容量を付記する必要がある．ある定格容量に対する $\%Z$ の値を別の定格容量に対する値に換算するには，

$$\%Z_\mathrm{B} = \%Z_\mathrm{A} \times \frac{P_\mathrm{NB}}{P_\mathrm{NA}} \tag{6.10}$$

とする．ここで，添え字の A，B は異なる定格容量を表す．

百分率インピーダンス $\%Z$ を用いる利点は変圧器の 1 次側 2 次側の電圧の違いを考慮しなくてもよい点である．すなわち，変圧器の巻線比を a として，2 次側と 1 次側の値にそれぞれ添え字 2 と 1 をつけると，

$$\begin{aligned}
\%Z_1 &= \frac{I_\mathrm{N1} Z_1}{V_\mathrm{N1}} \times 100 = \frac{I_\mathrm{N2}}{a} \cdot \frac{a^2 Z_2}{a V_\mathrm{N2}} \times 100 \\
&= \frac{I_\mathrm{N2} Z_2}{V_\mathrm{N2}} \times 100 = \%Z_2
\end{aligned} \tag{6.11}$$

となり，両者は一致する．

百分率インピーダンスは，変圧器の 2 次側につながる線路などに **短絡事故** が起こったときの **短絡電流** を求める場合に用いられる．

例題 6.3

定格電圧 66 kV の電源から三相変圧器を介して 2 次側に遮断器が接続された系統がある. この三相変圧器は定格容量 10 MVA, 変圧比 66/6.6 kV, 百分率インピーダンスが自己容量基準で 7.5% である. 変圧器 1 次側から電源をみた百分率インピーダンスを基準容量 100 MVA で 5% とする. 遮断器から負荷側の地点で三相短絡事故が起きたとき, その事故電流を遮断するためには遮断器はどれだけの定格遮断電流をもつ必要があるか. [類・電験 III・電力・2004]

解答

まず変圧器 1 次側から電源をみた百分率インピーダンスを変圧器の定格容量基準に換算すると, (6.10) 式より,

$$\%Z_\mathrm{B} = \%Z_\mathrm{A} \times \frac{P_\mathrm{NB}}{P_\mathrm{NA}} = 5 \times \frac{10}{100} = 0.5\%$$

であるから, 変圧器の 2 次側から電源をみた百分率インピーダンスは, $\%Z = 0.5 + 7.5 = 8.0\%$ である. 事故時の短絡電流は,

$$I_\mathrm{S} = \frac{V_\mathrm{N}}{\sqrt{3}} \frac{1}{Z} = \frac{V_\mathrm{N}}{\sqrt{3}} \frac{\sqrt{3} I_\mathrm{N}}{V_\mathrm{N} \% Z} \times 100 = \frac{\sqrt{3}}{V_\mathrm{N}} \frac{P_\mathrm{N}}{3} \frac{1}{\%Z} \times 100$$

$$= \frac{10^7 \times 100}{6.6 \times 10^3 \times \sqrt{3} \times 8.0} = 1.1 \times 10^4 \, \mathrm{A}$$

となるから, 定格遮断電流は 11 kA 以上が必要である.

中性点接地 Y 接続の変圧器巻線は, その中点すなわち中性点をどのように接続するかが重要となる. 中性点は, 通常**図 6.10** のようにあるインピーダンスを通して接地される. 接地することにより, 各相の**対地電圧**が安定し, またある相が大地と短絡してしまう地絡事故が起きた場合もその影響を少なくすることができる.

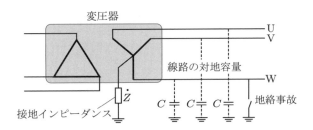

図 6.10 中性点接地の方法

図 6.10 の接地インピーダンスは次のような場合がある．

i) $\dot{Z} = 0$： 中性点を直接接地する場合である．超高圧以上では，送電線や機器の**絶縁耐力**を低下させる目的でこの方法を採用する．今，W 相で図 6.10 のスイッチが入り**地絡事故**が起きたと仮定すると，W 相の電圧は 0 になる．一方，健全な U, V 相は，中性点が 0 電位に固定されているため，W 相の影響はほとんど受けず，事故前の電圧とほぼ同じである．つまり，地絡事故に備えて特別の絶縁耐力をもたせる必要はない．

ii) $\dot{Z} = R$： **抵抗接地方式**であり，特別高圧や高圧に対してよく用いられる．抵抗値としては数 $100\,\Omega$ の値が使われる．図 6.10 において，W 相が地絡した場合，接地抵抗の両端電圧は地絡前の W 相の電圧を逆位相にしたものになる．したがって，健全相の電圧は地絡前の電圧の約 $\sqrt{3}$ 倍となることがわかる．

iii) $\dot{Z} = jX = j\omega L$： 消弧リアクトル接地方式である．長距離の送電線では，図 6.10 に示すように電線の対地容量に対応するキャパシタ C が等価的に接続されている．この C と共振するようなインダクタ L を用いて中性点を接地すると，地絡に対して並列共振状態となり，故障電流をほとんど流れなくすることができる．

iv) $\dot{Z} \to \infty$： 中性点開放である．高圧配電線などで用いられる簡易型である．

6.3 変換所

変電所に類する施設として，変換所がある．ここでは，交流と直流の変換が主な役割である．

わが国では，電力設備導入の歴史的経緯から，ドイツ起源の $50\,\text{Hz}$ とアメリカ起源の $60\,\text{Hz}$ が東西を分けている．佐久間ダム近郊に，両周波数地域を接続する周波数変換所が 1964 年頃に作られた．これは，ある周波数の交流を整流器でいったん直流電力に変換し，その後他の周波数の交流に逆変換するというものである．整流器には当初水銀整流器が用いられたが，現在は**サイリスタバルブ**が使用されている．**周波数変換所**は佐久間のほか 2 箇所ある．また，同じ周波数でも同期せずに連系するために，いったん直流に変換して接続しあうもの (back-to-back: BTB) もある．

これらは，連系システム間の電力融通が主な役割であり，たとえば，A 電力会社の発電電力が何らかの事情（原子力発電所の停止など）で不足する場合，周波数変換所や BTB を経由して B 電力会社から余剰電力を送電することができる．津軽海峡や紀

州灘をまたぐ直流送電では，送電線の両側にサイリスタバルブを用いた直流-交流変換所が設けられている．

演習問題 6

1 次の送変電設備の断路器に関する文章の空欄に適切な言葉を入れよ．[類・電験Ⅲ・電力・2005]

断路器は (ア) をもたないため，定格電圧のもとにおいて (イ) の開閉をたてまえとしないものである． (イ) が流れている断路器を誤って開くと，接触子間にアークが発生して接触子は損傷を受け，焼損や短絡事故を生じる．

2 以下の変電所に設置される機器に関する記述で，それぞれ誤っている部分を指摘せよ．[類・電験Ⅲ・電力・2006]

(1) 負荷時タップ切換変圧器は，電源電圧の変動や負荷電流による電圧変動を補償して，負荷側の電流をほぼ一定に保つために，負荷状態のままタップ切換を行える装置をもつ変圧器である．

(2) 避雷器は，誘導雷および直撃雷による雷過電圧や回路の開閉などで生じる過電圧を放電により制限し，機器を保護するとともに直撃雷の侵入を防止するために設置される機器である．

(3) 静止形無効電力補償装置 (SVC) は，電力用キャパシタと分路リアクトルを組み合わせ，電力用半導体素子を用いて制御し，進相から遅相までの有効電力を高速で連続制御する装置である．

3 下の記述中の空白箇所に適切な言葉を入れよ．[類・電験Ⅲ・電力・2004]

一般に電力系統では，受電端電圧を一定に保つため，調相設備を負荷と (ア) に接続して無効電力の調整を行っている．電力用キャパシタは力率を (イ) ために用いられ，分路リアクトルは力率を (ウ) ために用いられる．同期調相機は，その (エ) を加減することによって，進みまたは遅れの無効電力を連続的に調整することができる．静止形無効電力補償装置は， (オ) でリアクトルに流れる電流を調整することにより，無効電力を高速に制御することができる．

4 問図 6.1 のような系統において，昇圧用変圧器の容量は 30 MVA，変圧比は 11/33 kV，百分率インピーダンスは自己容量基準で 7.8% である．系統の点 P において，三相短絡事故が発生し，1,800 A の短絡電流が流れたとする．系統の基準容量を 10 MVA としたとき，事故点 P から電源側をみたときの百分率インピーダンスを求めよ．[類・電験Ⅲ・電力・2006]

問図 6.1

5 容量15 MVA，変圧比33 kV/6.6 kV，百分率インピーダンス降下が自己容量基準で5%であるA変圧器と，容量8 MVA，変圧比33 kV/6.6 kV，百分率インピーダンス降下が自己容量基準で4%であるB変圧器とを並行運転している変電所がある．ただし，各変圧器の抵抗とリアクタンスの比は等しいものとする．これについて次の問いに答えよ．
［類・電験Ⅲ・電力・2005］
(a) 12 MVAの負荷を加えたとき，A変圧器の分担する負荷の値はいくらか．
(b) 並行運転している2台の変圧器が負担できる最大負荷容量はいくらか．

6 ガス遮断器に使われているSF₆ガスの特性に関する記述として誤っているのはどれか．［電験Ⅲ・電力・2001］
(1) 無色で特有の臭いがある．(2) 不活性，不燃性である．(3) 比重が空気に比べて大きい．(4) 絶縁耐力が空気に比べて高い．(5) 消弧能力が空気に比べて高い．

7 問図6.2のような送電系統のP点において，三相短絡を生じたとき，P点における短絡電流を求めよ．ただし，発電機の容量は10,000 kVA，出力電圧は11 kV，百分率インピーダンスは自己容量ベースで25%である．また，変圧器の容量は10,000 kVA，変圧比は11 kV/33 kV，百分率インピーダンスは自己容量ベースで5%，送電線TP間の百分率インピーダンスは10,000 kVAベースで10%とする．［類・電験Ⅲ・電力・1998］

問図6.2

第 7 章
送電とその安定性

　電力輸送を実質的に担うものは送電線である．送電線には架空送電線路と地中送電線路があり，電圧や電気方式も様々である．配電は，電力輸送の需要家に近い末端部分であるが，同じ電力の輸送を扱っており，原理的には共通して考えてよい部分も多い．本章では，主として送電を考えながらも，配電に共通する事項も取り入れながら，送電設備とその運用について説明する．配電に特有の問題などについては，次章に章を改めて説明する．送配電線路は抵抗だけでなく，インダクタンス，静電容量をもつため，電圧や電流の解析ではそれらの効果を考慮する必要性が生じる．また，電力輸送の安定性解析や，送配電線が短絡や地絡の故障を起こした場合の故障解析も重要である．本章では，これらの解析方法を述べる．

7.1　送配電系統の構成

　送配電系統の構成の概略は，前章図 6.1 のようになる．発電所でつくられた電力は，変電所に集められる．変電所は，同規模の電圧を扱う変電所どうし，あるいはより低い電圧を扱う変電所と接続されている．この，発電所から変電所，および変電所間の電力の輸送を送電とよぶ．また，最も低い電圧を扱う配電用変電所から，需要家までの電力の輸送を配電とよぶ．

　送電と配電は，同じ電力の輸送を扱っており，原理的には共通して考えてよい部分も多い．実際に使用している設備をモデル化する際の仮定が異なる部分があったり，そもそもの役務の違いから，異なった捉え方を必要とする部分もある．

7.2　送電方式

7.2.1　送電電圧
　最も単純な単相の電力伝送を考えよう．負荷の力率や線路のインダクタンスを含めた詳しい考え方は 7.4 節で述べる．ここでは，負荷の力率を 1 とし，負荷抵抗に対して十分小さい線路の抵抗 R のみを考える．図 7.1 に示すように，電圧 V の電源から

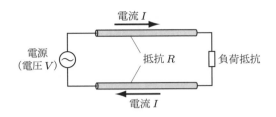

図 7.1 単相電力伝送での損失

電流 I を取り出して，負荷に供給する．負荷には，$P = VI$ の電力が供給されるが，線路では $P_L = 2I^2 R$ の損失が発生する．$P_L = 2(P/V)^2 R$ と表現できるので，電圧が高いほど線路の損失は小さいことがわかる．

では，いくらでも高い電圧を用いればよいのであろうか．実際には，あまりに高い電圧の場合，絶縁が保てなくなり，負荷への電力伝送が実現できなくなる．どの程度の電圧まで絶縁が保てるかは技術・設備により，最終的には，設備を構成する費用で判断される．

日本の標準送配電電圧は，前章で**表 6.1** に示したようになっている．実際には，これらの電圧の中から選定される．現在日本で用いられている標準電圧の最高値は 500 kV である．より高い電圧は 1 MV（100万ボルト）であるが，この技術開発もほぼ完了している．将来の利用に備えて 1 MV 仕様の設備が導入され，現在 500 kV で使用されている．

7.2.2 ● 電気方式

損失を抑える手段は，電圧の上昇だけではない．電気方式を工夫することでも，損失の低減ができる．6.1.2 項で述べたように，いくつかの電気方式が存在するが，これらの損失を比較してみる．なお，中性線を伴う電気方式の場合，「線間電圧」として電圧線-中性線間および二つの電圧線間の 2 種類が考えられるが，本書では，電圧線-中性線間のものを指すこととする．

たとえば，単相 2 線式と三相 3 線式とでは，後者のほうが必要な線の数が多い．ただし，同じ電圧／電流では，送電電力は後者のほうが多いので，設備効率は，条件を吟味して計算しないとわからない．条件として，線間電圧 (V)，**送電電力** (P)，負荷力率 ($\cos\phi$)，**線路損失** (P_L) が同じ場合を考え，この際に必要となる電線の材料の量を比較することにする．以下，添え字の 1 と 3 とで，単相 2 線式と三相 3 線式それぞれについての量を表す．

それぞれの電気方式での線電流は，

$$I_1 = \frac{P}{V\cos\phi}, \quad I_3 = \frac{P}{\sqrt{3}\,V\cos\phi}$$

と表されるので，$\dfrac{I_1}{I_3} = \sqrt{3}$ となる．線路損失は，1 線あたりの抵抗を R_1, R_3 とすると，$P_{\mathrm{L}} = 2I_1{}^2 R_1 = 3I_3{}^2 R_3$ であるので，

$$\frac{R_3}{R_1} = \frac{2I_1{}^2}{3I_3{}^2} = \frac{2}{3}3 = 2$$

となる．1 本の電線を考えると，その材料の重量 (w_1, w_3) は断面積に比例するが，抵抗は断面積に反比例することから，1 本あたりの電線材重量と抵抗は互いに反比例することがわかる．よって，それぞれの電気方式での電線材総重量 W_1, W_3 は，

$$\frac{W_1}{W_3} = \frac{2w_1}{3w_3} = \frac{2}{3}\frac{R_3}{R_1} = \frac{4}{3}$$

の比となり，同条件では，三相 3 線式で必要となる電線材は，単相 2 線式の必要量の 75% で済むことがわかる．

7.2.3 ■ 周波数

現在の日本の電力システムでは，1.5 節で述べたように，2 種類の周波数が使用されている．主として東日本（北海道電力，東北電力，東京電力）では 50 Hz が，西日本（これら以外）では 60 Hz が使用されている．システムを連系するためには，同じ周波数である必要がある．6.3 節で述べたように，異なった周波数に対してはそれぞれをいったん直流に変換し，これを通じて連系する．

変圧器で電圧を変換することが容易であるので，ほとんどの送電では交流が使用されているが，場合によっては，直流も使用される．交流送電で問題となる，送電の安定性，充電電流，また，無効電力にともなう問題などが直流では回避できる．さらに，交流では最大電圧が実効値の $\sqrt{2}$ 倍であるのに対して，直流では両者は等しい．つまり，同じ電力を送る際に，最大電圧を小さくできることから，絶縁に対しては有利な点をもつ．しかし，変換器を必要とするので，この負担に見合うような，長距離送電で利用される．現在日本では，北海道–本州連系，紀伊水道連系で使用されている．

7.3 ■ 送配電設備 ■

ここでは，送配電に必要な設備のうち，変電関係以外のものについて，架空送配電と地中送配電に分けて説明する．

7.3.1 ■ 架空送配電

空中に電線を支持し電力を輸送する方式を，架空送電や架空配電という．その構成は，図7.2に示すように，地上に設置された鉄塔や柱などの支持物に，絶縁物であるがいしを複数個つらねてがいし連としたものを取り付け，その先端で電線を支えるようになっている．支持物から次の支持物までの距離は比較的長いので，支持物間の電線は図に示すようにたるみをもち曲線状になっている．この曲線は懸垂線あるいはカテナリ (catenary) とよばれる．

今，1本の電線が図7.2の支持物上のがいし連の先端Aと，隣のそれとの間で支えられているとし，その水平距離をS，電線の中点Mの高さと点Aの高さの差（たるみ）をD，電線の単位長さあたりに働く重力をW [N/m] とする．また，点Mでの地表を原点として，水平方向の長さを座標x，鉛直方向を座標yとし，電線の曲線に沿っての長さをlとする．図7.2の挿入図を参照すると，任意の点Pでは，

$$\frac{dy}{dx} = \frac{Wl}{T} \tag{7.1}$$

が成り立つ．ここでTは**電線の水平張力**である．これを$x=0$で$y=H$という境界条件のもとで解くと，

$$y = H + \frac{T}{W}\left(\cosh\frac{Wx}{T} - 1\right) \tag{7.2}$$

となり，カテナリの式を得る．この式を$y = H + Wx^2/(2T)$と近似した上でTとDの関係を求めると，

$$T = \frac{WS^2}{8D} \tag{7.3}$$

となる．これは電線敷設の場合の設計指針となる．

さて，図7.2の構成要素について詳しくみていこう．

■ **電　線**　架空送配電で用いられる電線には，主として送電で用いられる**鋼心アルミより線**と，配電で用いられる**絶縁皮膜電線**とがある．鋼心アルミより線は，アルミの導線をよって束ねたもので，機械的な補強のために，中心部に鋼鉄線が入っている．電流容量を増すために，多導体で使われることもある．多導体の場合，線路のインダクタンスを低減できるほか，高電圧印加にともなう電線周囲の強電界が緩和されることによる**コロナ放電**の抑制効果も期待できる．また，大容量送電線には，耐熱性の高い**鋼心耐熱アルミ合金より線**も使用される（図7.3）．

■ **架空地線**　架空送配電の場合，雷対策は極めて重要である．電線への直撃雷を防ぐために，送電線路には**架空地線**が設けられる．電線に平行に1条ないし2条の導線を，送電鉄塔の登頂部で支えて敷設する（図7.4）．電気的には鉄塔，すなわち大地と接続

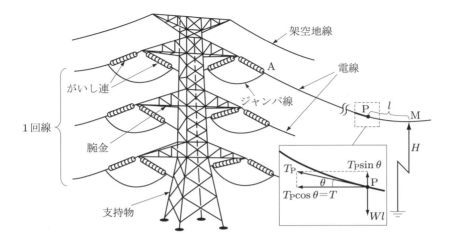

図 7.2 架空送配電の構成

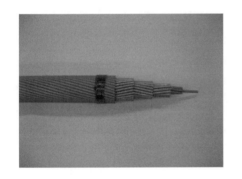

図 7.3 鋼心耐熱アルミ合金より線
((株)きんでん提供)

図 7.4 架空地線((株)きんでん提供)

されており,接地電位となる.

導線としては,鋼鉄のより線が使われるが,その中心部に光ファイバを埋め込んだ光ファイバ複合架空地線も使用される.光ファイバは,電力制御のための信号など,情報通信に用いられる.

■ **がいし** 電線を電気的に絶縁しながら,機械的に支えるために,**がいし** (insulator) が用いられる.ほとんどのがいしには,磁器が用いられる.

送電用として最も多く用いられるものが,**懸垂がいし**である.傘状のものを,使用電圧に応じて複数個連結して使用する.連結の方式の違いで,**クレビス形**(図 7.5 (a)) と**ボールソケット形**(図 7.5 (b),(c)) とがある.同じく送電用で,塩害など耐環境性に優れたものとして,**長幹がいし**がある.同様の特徴をもつが,比較的低い電圧

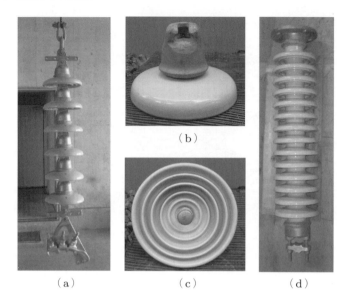

図 7.5　がいし（(株)きんでん提供）

で使用されるものとして，**ラインポストがいし**（図 7.5（d））がある．また，配電用としては，**ピンがいし**がある．最近，磁器製のがいしにかわって，高分子材料を用いたがいしが研究され，使用されるようになっている．

高電圧にともなう絶縁破壊のうち，高電圧にさらされる間の物体表面に沿って放電路が延びるもの（**沿面放電**とよぶ）がある．懸垂がいしの傘の内面や，長幹がいし・ラインポストがいしの側面には多くのひだがあるが，これらは，沿面放電を抑制するために，表面に沿う経路長を大きく保っているためである．

▍**支持物**　電線を支えるための支持物として，**木柱**，**コンクリート柱**，**鉄塔**などがある．このうち，木柱やコンクリート柱は配電で用いられる．

送電用としては，鉄塔がもっぱら用いられる．鉄塔には，四角鉄塔（**図 7.6**），方形鉄塔（**図 7.7**），えぼし形鉄塔，門形鉄塔などがあるが，四角鉄塔が最も多く使われる．線路を敷設する場合，三相 3 線式では 3 本の電線を用いるが，3 本を 1 組として，2 組の線を同一経路に平行して敷設する場合があり，これを **2 回線**とよぶ．四角鉄塔は，三相の 2 回線を敷設するのに適している．同様に，4 組の線を敷設する 4 回線の場合もある（図 7.6）．これに対して，えぼし形鉄塔は **1 回線**に使用される．門形鉄塔（ガントリ鉄塔ともよぶ）は，鉄道線路や道路をまたぐように作られる．

図 7.6 四角鉄塔（(株)きんでん提供）

図 7.7 方形鉄塔（(株)きんでん提供）

7.3.2 ■ 地中送配電

電線を地中に埋めて敷設する**地中送電**や地中配電は，良好な景観などを保つための環境調和だけでなく，高電圧部に対する危険の回避や，電線自体を周囲環境より保護するなどの長所がある．しかしながら，地中化のための建設費は莫大で，上記の長所を評価できる，大都市部や景観を重視する地域に限られているのが現状である．

■ **電力ケーブル** 地中送配電のための設備としては，電力ケーブルがある．ケーブルは，電流経路たる導体のまわりに絶縁体が配置され，さらにその外側を保護のためにシースで覆われた構造をもつ．絶縁層を構成する材料の種類で大別される．また，導体を 1 本とする構造の他，三相分の 3 本の導体を一体化したものもある．

電力ケーブルで，最も多く使用されているのは，**OF ケーブル** (oil filled cable) である．絶縁層には絶縁油が含浸された絶縁紙が用いられる．絶縁油は，油通路を通して常時加圧されて供給されている．信頼性が高く，多く使用されているが，給油に関する保守の負担が大きい．近年，多く使用されているのは，**CV ケーブル** (crosslinked polyethylene vinyl sheath cable) である．これは，絶縁層に架橋ポリエチレンを使用している．OF ケーブルのような給油が不要なことや，軽量であることなどから，広く使用されるようになった（**図 7.8**）．

この他，ケーブルに相当するものとして，絶縁性の気体 (SF_6) を絶縁層に用いた，**ガス絶縁管路**がある．

■ **敷設方法** 地中送配電線路を敷設するには，ケーブルをコンクリートトラフにおさめて板でふたをしたものを埋設する直接埋設式，あらかじめ敷設した管路の中にケーブルを引き込み埋設する管路式，地下にトンネルを掘り，通信線などとともに電力ケーブルを支柱で支持しながら埋設する共同溝式などがある．

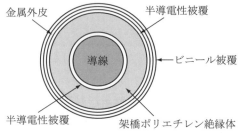

(a) 外観((株)きんでん提供)　　　　(b) 断面図

図 7.8　CV ケーブル

■ **管路直接水冷技術**　地中送電線の大容量化というニーズに応える大容量地中送電線技術として，OF ケーブルを敷設した管路内に冷却水を流すことにより送電容量を非冷却時の約 2 倍とする方式が開発されている．地中占有面積の減少，工事費の削減，工事保守の省力化，高信頼性の確保などのメリットがある．

■ **高温超電導ケーブルによる送電**　超電導ケーブルは，現用ケーブルの数十倍の電流容量を流せ，また磁気シールド層により漏れ磁界がなくインピーダンスを小さくできる．そのため，低電圧でも大容量送電が可能となり，電圧階級の簡素化による変電設備の省略，既設管路の有効利用など，建設コストが大きく削減できる．また，電気抵抗による損失を極小化できるため，運転コスト低減や CO_2 削減効果も大きい．

液体窒素領域 (77 K) で動作する Bi 系高温超電導体 (5.5 節参照) は，比較的長尺化が容易であり，超電導ケーブルとして試験運用に供されている．米国において，三芯一括型高温超電導ケーブルを用い，三相 34.5 kV，0.8 kA を 350 m にわたって地中送電している．

7.4　伝送特性

7.4.1　線路の等価回路

図 7.1 が平行往復導線を用いた線路を表していると考え，各導線の半径を b，2 本の導線の中心間距離を d とする．導線の抵抗率を ρ とすると，1 本の導線の単位長さあたりの抵抗 R_1 は，

$$R_1 = \rho \frac{1}{\pi b^2} \tag{7.4}$$

で表される．ここで，ρ は温度依存性をもつこと，表皮効果を考慮する必要がある場合があることに注意しなければならない．往復導線の単位長さあたりのインダクタンス L_0 および容量 C_0 は，電磁気学の教えるところにより，

$$L_0 = \frac{\mu_0}{\pi}\left(\frac{1}{4} + \ln\frac{d}{b}\right), \quad C_0 = \pi\varepsilon_0 \frac{1}{\ln\dfrac{d-b}{b}} \tag{7.5}$$

である．したがって，線路の等価回路は，図 7.9（a）のように，$R_0 = 2R_1$，L_0 が直列に，C_0 が並列に縦続接続されたもので表される．漏れ電流の影響を記述するために，C_0 に並列にコンダクタンス G_0 を接続したものを用いる場合もある．このような回路を分布定数回路という．

三相 3 線式線路の場合は，仮想的な中性線に対して各導線の単位長さあたりのインダクタンス L_n，容量 C_n を求め，L_0，C_0 を置き換え，さらに $R_0 \to R_1$ とすることにより，図 7.9（a）は三相 3 線式線路の 1 相分の等価回路となる．L_n および C_n は，それぞれ，作用インダクタンス，作用（静電）容量とよばれる．この等価回路は，長距離送電線路を取り扱う場合に適したものである．送電線において 3 線の配置は，図 7.2 あるいは図 7.6 で示されているように鉛直方向に並べられており，3 本が相互に対称ではない．このため，ある一定区間ごとに 3 本の上下位置を入れ替えて，平均的に対称性が確保されるようにしている．これをねん架とよぶ．

中距離送電線路では，分布定数回路にする必要はなくなり，図 7.9（b）のような T 型等価回路や，各素子の接続方法を変えた π 型等価回路が用いられる．ここで，1 相分の

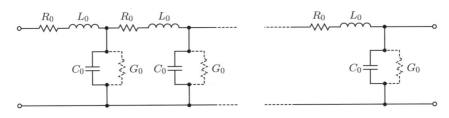

（a）分布定数で表した等価回路

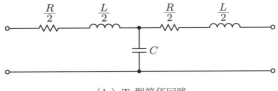

（b）T 型等価回路

図 7.9 線路の等価回路

線路全体のインピーダンスは $R+j\omega L \equiv R+jX$, 全体のアドミッタンスは $Y = j\omega C$ となる.さらに,短距離の送配電線路では容量が無視できるので,図7.10のように $R+jX$ のみで近似できる.

地中送配電線路は,ケーブルの構造（図7.8）からわかるように作用静電容量が大きいので,等価回路としては図7.9（a）あるいは（b）を用いる必要がある.

7.4.2 ■ 電圧降下率

線路は,超電導線を用いない限り電気抵抗をもち,また無視できない長さをもつことから,インダクタンス成分をもつ.線路が抵抗やインダクタンスで表現されるとすると,線路電流が流れることにより,電圧降下が生じる.負荷の受ける電圧は電源電圧より低くなるが,定格電圧以外で負荷を使用することは,効率低下や負荷の寿命に影響をおよぼす.ここでは,負荷,とくにその力率に対する受電電圧の変化を調べる.

三相の電力伝送を考えるが,容易に取り扱えるよう,一つの相のみを取り上げ,図7.10に示す短距離モデルで考える.送電端電圧を $\dot{V}_\mathrm{s}$,受電端電圧を $\dot{V}_\mathrm{r}$,線路の抵抗およびリアクタンスをそれぞれ R, X,線路電流を $\dot{I}$ とし,これがそのまま負荷電流となる.負荷はインピーダンスを $\dot{Z}$ として,力率を $\cos\phi$ とする.また,以下の説明では,とくに断らない限り受電端電圧 $\dot{V}_\mathrm{r}$ は一定とする.

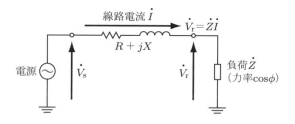

図7.10 伝送特性を調べるモデル

送電電圧は次のように表される.

$$\dot{V}_\mathrm{s} = \dot{V}_\mathrm{r} + (R+jX)\dot{I} = \dot{Z}\dot{I} + (R+jX)\dot{I}$$
$$= \{(Z\cos\phi + R) + j(Z\sin\phi + X)\}\dot{I} \tag{7.6}$$

ここで,**電圧降下率**を定義する.電圧降下率 ε は,受電端電圧の大きさに対する電圧降下 ΔV の比で,

と表される. 図 7.10 のモデルに対する ε を求めるために, (7.6) 式をさらに変形する.

$$\varepsilon = \frac{|\dot{V}_\mathrm{s}| - |\dot{V}_\mathrm{r}|}{|\dot{V}_\mathrm{r}|} = \frac{V_\mathrm{s} - V_\mathrm{r}}{V_\mathrm{r}} = \frac{\Delta V}{V_\mathrm{r}} \tag{7.7}$$

$$V_\mathrm{s} = \sqrt{(Z\cos\phi + R)^2 + (Z\sin\phi + X)^2}\, I \tag{7.8}$$

$$= ZI\sqrt{1 + 2\frac{R\cos\phi + X\sin\phi}{Z} + \frac{R^2 + X^2}{Z^2}} \tag{7.9}$$

ここで, R, X, Z の大小関係について考える. 一般に線路のインピーダンスは小さく, $R, X \ll Z$ が成り立つ (成り立たない場合, 電源の電圧の大部分が線路にかかることになるので, 普通の送電状態ではないといえる). したがって, $(R\cos\phi + X\sin\phi)/Z \ll 1$ であり, $(R^2 + X^2)/Z^2$ は 2 次の微小量となって無視できる. そこで, $x \ll 1$ のとき $\sqrt{1+x} \simeq 1 + x/2$ という近似を適用すると,

$$V_\mathrm{s} \simeq ZI\left(1 + \frac{1}{2}2\frac{R\cos\phi + X\sin\phi}{Z}\right)$$
$$= V_\mathrm{r} + (R\cos\phi + X\sin\phi)I \tag{7.10}$$

よって, ε は次のようになる.

$$\varepsilon = \frac{V_\mathrm{s} - V_\mathrm{r}}{V_\mathrm{r}} = \frac{(R\cos\phi + X\sin\phi)I}{V_\mathrm{r}} \tag{7.11}$$

(7.11) 式は, 受電端に接続される負荷の位相角によって, 線路の電圧降下が変化することを示している. 一般に $R < X$ なので, $\phi = 0$ からはずれると急速に電圧降下が大きくなる. すなわち, 小さな電圧降下で運転するためには, 負荷の力率を 1 付近に保つ必要がある.

(7.11) 式によると, ϕ がある程度大きな負の値, すなわち進み力率になると, ε が負になる. すなわち, $V_\mathrm{s} < V_\mathrm{r}$ と受電端電圧のほうが送電端電圧よりも高くなることがわかる. 通常, 大容量の負荷は遅れ力率なので $\phi > 0$ であるが, あとに述べる無効電力補償の状態で軽負荷となった場合など, $V_\mathrm{s} < V_\mathrm{r}$ が起こり得る. この現象を**フェランチ効果** (Ferranti effect) とよぶ.

ここでは, 複素数の計算で導出したが, 図 7.11 に示すフェーザ図をもとにしても計算できる. フェーザ図をもとにすると, 進み力率の負荷の場合に $V_\mathrm{s} < V_\mathrm{r}$ となることが, 次のように容易にわかる.

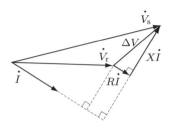

図 7.11　電圧降下のフェーザ図

例題 7.1

進み力率の負荷の場合についてフェーザ図を描け．

解答

図 7.12 のようになる．十分進み角が大きい進み力率の負荷の場合，線路の電圧降下ベクトル $((R+jX)\dot{I})$ が，受電端電圧ベクトル $\dot{V}_r$ に対して，鈍角となる．鈍角が十分に大きいと，送電端電圧ベクトル $\dot{V}_s$ の大きさは $\dot{V}_r$ の大きさよりも小さくなる．

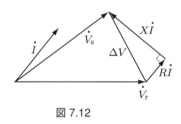

図 7.12

(7.11) 式に得られた式は，図 7.10 のモデル，すなわち相電圧を基準とした計算結果である．平衡三相送電について線間電圧で議論する場合は，(7.11) 式の結果を $\sqrt{3}$ 倍する必要があることに注意しよう．

例題 7.2

三相 3 線式配電線路の末端からみた負荷は，三相平衡で遅れ力率 80% であった．負荷の端子電圧が 6 kV，線路の抵抗およびリアクタンスがそれぞれ $0.45\,\Omega$，$0.6\,\Omega$，電圧降下率が 3% のとき，負荷電力はいくらか．

解答

電圧降下率を表す (7.11) 式から，V_r を線間電圧とすると，

$$\varepsilon = \frac{\sqrt{3}(R\cos\phi + X\sin\phi)I}{V_r} \tag{7.12}$$

となる．よって，
$$I = \frac{\varepsilon V_r}{\sqrt{3}\,(R\cos\phi + X\sin\phi)} \tag{7.13}$$
であるので，負荷電力 P は，
$$P = \sqrt{3}\,V_r I \cos\phi = \frac{\varepsilon V_r^2 \cos\phi}{(R\cos\phi + X\sin\phi)} \tag{7.14}$$
となる．$\cos\phi = 0.8$ のとき $\sin\phi = 0.6$ に注意すれば，$P = 1.2 \times 10^6$ W すなわち 1,200 kW が得られる．

7.4.3 ● 線路損失

超電導線を用いない限り，線路は抵抗をもち，電力伝送，すなわち電流が流れると損失が生じる．これまでにみたように，送電電圧の向上や電気方式の選択によって，損失を低減させることができるが，ここでは，負荷の力率も線路損失の大きさに影響していることを説明する．

遅れ力率の負荷について考える．負荷の電圧と電流をフェーザ図で表すと，**図 7.13** のようになる．負荷電流は，負荷電圧と同方向（同位相）の成分と垂直方向の成分とに分解できる．これらの成分と電圧との積が，有効電力と無効電力とに対応する．6.1 節で述べたように，本来，負荷で真に必要としているのは有効電力であり，これは電気エネルギーとして負荷で消費される．一方，無効電力は，負荷が動作するのに必要ではあるが，これはエネルギーとして消費されるのではなく，いったん電源から受け取ったあとに，ただちに電源に返しているものである．すなわち，有効電力は，電源から負荷へ一方向に移動するが，無効電力は，常時電源と負荷との間を往復している．

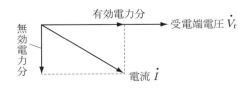

図 7.13　遅れ力率の負荷のフェーザ図

線路の損失について考えると，その大きさは，線路抵抗に流れる電流の 2 乗値を乗じたものである．この算出に使う電流値は，遅れ力率の負荷の場合，**図 7.13** の有効電力成分のみならず，無効電力成分をも含めたもので，当然，有効電力成分よりも大き

い，消費してしまうわけではない，単に動作のうえで必要な無効電力が，線路を往復することによって，より多くの電流が流れ，より多くの線路損失を生じていることがわかる．したがって，負荷の力率が小さいと，負荷で消費されたエネルギー（すなわち有効電力）に対する線路で損失したエネルギーの比は大きくなる．力率の小さい負荷は線路損失を増大させる．

7.4.4 ■ 調相設備による無効電力の補償

これまで調べた電圧降下や線路損失は，調相設備を導入することにより改善できる．電力システムでは，大容量の負荷は遅れ力率となる．この負荷に並列に進み力率負荷，すなわち電力用コンデンサを設置することにより，線路からみた合成負荷の力率を 1 付近に設定することを，無効電力の補償とよぶ．電力用コンデンサを調相設備とよぶが，変電の章で紹介したように，ほかに同期調相機や静止型の機器も使用される．

図 7.14 に示すように，調相設備の設置によって力率が改善され，その結果，線路の電圧降下は低減し，線路損失も少なくなる．これは，別の見方をすると，負荷が要求していた無効電力を，これまで線路を通じて電源から得ていたが，負荷の直近に無効電力を発生する装置（すなわち調相設備）をおくことにより，線路を介さずに得ることができるようになった．よって，線路上を無効電力が行き交うことがなくなり，無効電力の供給にともなう問題が軽減されたものと考えることができる．

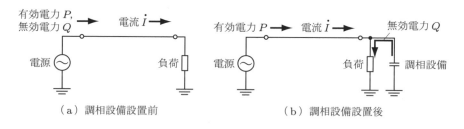

図 7.14　調相設備による無効電力の供給

調相設備は，改善すべき力率に応じて，その容量を決める必要がある．必要量は，現在の負荷の無効電力分そのものであり，三相負荷の場合には，$\sqrt{3}\,V_r I \sin\phi$ である．調相設備が供給できる最大の無効電力を容量とよぶが，いわゆるキャパシタの静電容量と混同しないよう，注意が必要である．

容量 Q_C の調相設備設置後の線路電流は，$\dot{I}' = I\cos\phi - j(I\sin\phi - Q_C/\sqrt{3}\,V_r)$ となる．容量が必要分と合致し，$Q_C = \sqrt{3}\,V_r I \sin\phi$ となる場合は，当然 $\dot{I}' = I\cos\phi$ と虚数部が 0 となる．

例題 7.3

例題 7.2 の負荷に対して，力率を 100% とするよう，調相設備を導入するのに必要な調相設備の容量はいくらか．

解答

負荷の無効電力は，

$$Q = \sqrt{3}\, V_r I \sin\phi = \frac{P}{\cos\phi}\sin\phi = P\tan\phi \tag{7.15}$$

を用いて計算すれば，900 kVar を得る．

7.4.5 ● 電力円線図

送電電力と受電電力との関係を図に描ければ，種々の条件に対する変化を直観的に理解することができる．その一つの形式として，**電力円線図** (power circle diagram) を紹介する．

図 7.15 のような系を考える．図中に，送電端 S・受電端 R があるが，これらは必ずしも具体的にそれぞれ電源・負荷とは限らない．同期機の場合，一定の回転状態を維持したまま，外部の電圧次第で，発電機にも電動機にもなりうるが，図中の端子は，いずれも同期機の端子と考えるほうがよい場合がある．

送電端電圧および受電端電圧を，それぞれ

$$\dot{V}_s = V_s e^{j\alpha}, \quad \dot{V}_r = V_r e^{j(\alpha-\delta)}$$

とする．また，線路の抵抗はリアクタンスに比べて無視できるとすると，

$$\dot{V}_s = \dot{V}_r + (R+jX)\dot{I} \simeq \dot{V}_r + jX\dot{I}$$

なので，$\dot{I} \simeq (\dot{V}_s - \dot{V}_r)/jX$ となる．

まず，受電端複素電力を計算する．

$$P_r + jQ_r = \dot{V}_r \dot{I}^* = \dot{V}_r \frac{\dot{V}_s^* - \dot{V}_r^*}{-jX} = \frac{\dot{V}_s^* \dot{V}_r - V_r^2}{-jX}$$

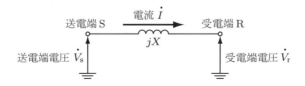

図 7.15 円線図のためのモデル系統

$$= \frac{V_\mathrm{s} V_\mathrm{r} \mathrm{e}^{-j\delta} - V_\mathrm{r}^2}{-jX} = \frac{V_\mathrm{s} V_\mathrm{r} \cos\delta - jV_\mathrm{s} V_\mathrm{r} \sin\delta - V_\mathrm{r}^2}{-jX} \quad (7.16)$$

となるので,

$$P_\mathrm{r} = \frac{V_\mathrm{s} V_\mathrm{r} \sin\delta}{X}, \quad Q_\mathrm{r} = \frac{V_\mathrm{s} V_\mathrm{r} \cos\delta - V_\mathrm{r}^2}{X} \quad (7.17)$$

であることがわかる. これより δ を消去すると,

$$P_\mathrm{r}^2 + \left(Q_\mathrm{r} + \frac{V_\mathrm{r}^2}{X}\right)^2 = \frac{V_\mathrm{s}^2 V_\mathrm{r}^2}{X^2} \quad (7.18)$$

となる. この関係について, 有効電力および無効電力を, それぞれ横および縦軸にとってグラフにすると, 円になる.

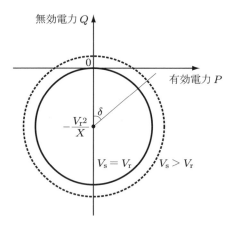

図 7.16 受電電力円線図

図 7.16 は, これを描いたものである. V_s の大きさによって円の大きさが変わる. また, $\delta = 0$ は縦軸上の上方の点に対応し, δ の増加に従って, 右回りに移動することがわかる. $\delta = \pi/2$ で P_r は最大値をとり, このときの P_r を極限電力とよぶ.

次に, 送電端複素電力を計算する.

$$P_\mathrm{s} + jQ_\mathrm{s} = \dot{V}_\mathrm{s} \dot{I}^* = \dot{V}_\mathrm{s} \frac{\dot{V}_\mathrm{s}^* - \dot{V}_\mathrm{r}^*}{-jX} = \frac{V_\mathrm{s}^2 - \dot{V}_\mathrm{s} \dot{V}_\mathrm{r}^*}{-jX}$$

$$= \frac{V_\mathrm{s}^2 - V_\mathrm{s} V_\mathrm{r} \mathrm{e}^{j\delta}}{-jX} = \frac{V_\mathrm{s}^2 - V_\mathrm{s} V_\mathrm{r} \cos\delta - jV_\mathrm{s} V_\mathrm{r} \sin\delta}{-jX} \quad (7.19)$$

なので,

$$P_\mathrm{s} = \frac{V_\mathrm{s}V_\mathrm{r}\sin\delta}{X}, \quad Q_\mathrm{s} = \frac{V_\mathrm{s}^2 - V_\mathrm{s}V_\mathrm{r}\cos\delta}{X} \tag{7.20}$$

となり,

$$P_\mathrm{s}^2 + \left(Q_\mathrm{s} - \frac{V_\mathrm{s}^2}{X}\right)^2 = \frac{V_\mathrm{s}^2 V_\mathrm{r}^2}{X^2} \tag{7.21}$$

が導かれる. 同様にグラフを描くと, **図 7.17** の様になる.

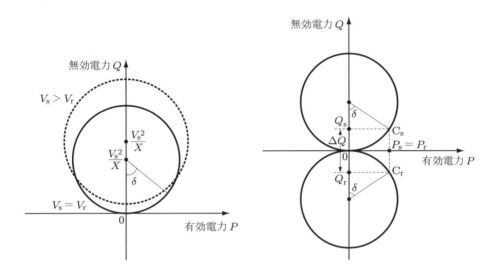

図 7.17 送電電力円線図　　　　**図 7.18** 受電・送電電力円線図

図 7.16 と同様, V_s の大きさによって円の大きさが変わるが, 同時に中心位置も変わる. $\delta = 0$ の対応点は縦軸上の下方の点で, δ の増加に従って, 左回りに移動する.

二つのグラフの関係を理解するために, たとえば, **図 7.18** のように, $V_\mathrm{s} = V_\mathrm{r}$ の場合を考える.

適当な δ をとると, 図に示すように, 送電円, 受電円のそれぞれに対応する点 $\mathrm{C_s}$, $\mathrm{C_r}$ が決まり, 送電複素電力 P_s, Q_s, 受電複素電力 P_r, Q_r がわかる. 図より, 送受電端電圧の大きさが同じでも, $\delta = 0$ でなければ, 有限の P_s, P_r となり, 送電端から受電端に有効電力が伝送されることがわかる. そして, 明らかに $P_\mathrm{s} = P_\mathrm{r}$ であるので, 送電端より送り出された有効電力は, 全て受電端で受け入れていることがわかる. また, 無効電力については, $Q_\mathrm{s} - Q_\mathrm{r} = \Delta Q$ という差が存在することがわかる. すなわち, 無効電力については, 受電端で受け入れられるぶん以外に, ΔQ だけ多く送電端より送り出されている. この ΔQ の無効電力は, 線路のリアクタンスで消費されて

いるものに対応する．

上記で，$P_s = P_r$ となったのは，導出の最初の条件で，線路の抵抗を無視したことによる．線路の抵抗を取り入れると，グラフ上で受電円は左に，送電円は右に，それぞれずれる．すると，P_s と P_r の大きさには差が現れるが，この差分が線路で消費される有効電力に対応する．

7.4.6 ● 過大電圧の発生とその対策

送配電設備には，通常の運用状態における値以上の電圧や電流が発生することがあり，それが著しい場合は設備の故障や事故につながる．このような過大電圧を**サージ**(surge) といい，自然現象である雷による雷サージと，遮断器の開閉などに基づく開閉サージがある．雷サージには，雷の直撃による直撃雷サージ，雷の誘導現象による誘導雷サージ，接地電位の上昇による逆流雷サージがある．また，開閉サージは，発変電所で送電線に電気を送ろうと遮断器を閉じたり，送電線に送っていた電気を止めようと遮断器を開いたりするときに瞬間的に発生するものである．

これらの電圧の時間変化を模擬する波形は，機器の耐サージ性を試験するための電圧として規定されており，図 7.19 のように雷インパルス電圧および開閉インパルス電圧とよばれる．図 7.19（a）の雷インパルス電圧において，電圧の最大値 P を波高値といい，その 30% と 90% の電圧値を通る直線と時間軸の交点 O_1 を規約原点という．規約原点を用いる理由は観測波形に高周波振動が重畳し，原点付近の波形が明確にならないためである．また，図 7.19（a）の T_1，T_2 をそれぞれ規約波頭長，規約波尾長という．標準雷インパルス電圧は，$T_1 = 1.2\,\mu\text{s}$，$T_2 = 50\,\mu\text{s}$ である．図 7.19（b）に示す開閉インパルス電圧では，雷インパルス同様に，P，T_1，T_2 をそれぞれ

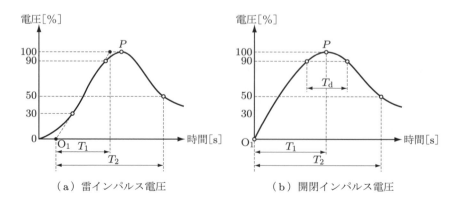

図 7.19　雷サージや開閉サージの電圧波形

波高値，規約波頭長，規約波尾長という．この場合，$T_1 = 250\ \mu s$，$T_2 = 2,500\ \mu s$ である．また，開閉インパルス電圧には，電圧が90%に達してから90%を下回るまでの時間である90%継続時間 T_d が定義されている．

直撃雷や誘導雷によって発生した過電圧は，送電線を伝搬し，がいしや支持物のある部分の電位を上昇あるいは下降させる．これにより，たとえば，がいし両端間の電圧が上昇し耐電圧を超えると，絶縁破壊が起き，閃光をともなった放電が生じる．これをフラッシオーバといい，それが発生する電圧をフラッシオーバ電圧という．フラッシオーバによる電流は非常に大きいので，そのジュール熱による機器の破壊が起きる可能性がある．これを防止するための機器が送電線や変電所に設けられている．

■ **架空地線**　7.3.1 項で述べたように，支持物である鉄塔などの最上部に，送電線と平行して設置された1本あるいは複数本の接地された電線が張られている．架空地線の位置を中心軸としたある半径の円柱の上半分（これを吸引空間という）に進入した直撃雷は，その下の送電線ではなく，架空地線に流入するので，被害を防止できる．

■ **アークホーン**　直撃雷や誘導雷によるがいしなど絶縁物の絶縁破壊を防止するための装置である．がいしはその形状を工夫して沿面距離を長くして絶縁破壊を防止しているが，過電圧が大きいと破壊する．そこで，がいしの両端に金属の角（つの）を取り付け，角の先端どうしを対向させて放電電極を構成しておく．過電圧ががいし両端に加わると，この放電電極間でアーク放電を発生させエネルギーを開放することで，がいしの絶縁面の破壊を防止する．

■ **避雷器**　変電所の母線や送電線の途中に設置されるもので，避雷器の両端電圧が定格値以下であれば，高い抵抗を示し，雷サージや開閉サージのような定格値を超えるパルスが加えられた場合は，抵抗値がたいへん小さくなり，大電流を流して電圧の上昇を押さえる働きをする．このような非線形抵抗素子として酸化亜鉛 (ZnO) が使用される．**図 7.20** は変電所に設置された避雷器を示している．

送電線にはコロナ放電とよばれる不規則なパルス状放電が生じることがある．高電圧が印加されている電線と接地電位の物体との間に生じている電気力線を考えた場合，電線側の面積が小さいため電気力線が集中し，電線表面近傍では電界強度が極めて高くなっている．この局所的強電界により大気が絶縁破壊しコロナ放電が生じ，しかもそれが断続的に起きるので，高周波成分を多く含む電流が流れる．これにより，伝送電力の損失が起きるばかりでなく，高周波雑音が発生して通信機器や放送受信機器に妨害を与えることがある．これをコロナ雑音という．

送電線の近辺では，上記の電界や，電流に基づく磁界が生じており，これら低周波電磁界が人体におよぼす影響については研究が進められているところである．

図 7.20　避雷器（(株)きんでん提供）

7.5　安定性

7.5.1　安定性の概念

この節では，電力システムの安定性について調べる．最初に，安定という言葉について，図 7.21 を参照して確認しておこう．

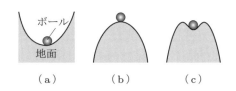

図 7.21　安定性の類似モデル

図 7.21 は，適当な地面の上にボールが置かれた状態を表している．(a)，(b) はいずれも地面の接平面が水平である点にボールが置かれており，ボールは動かない：ボールにかかる力は重力と地面からの抗力のみであり，これらは大きさが等しく向きが逆のため，釣り合っている．このような状態を「平衡」とよぶ．数学的にはいずれも動かないが，現実世界で図のような状況を構成すると，(a) は同じく動かない（ようにみえる）が，(b) ではボールは下方へ転がり落ちる．(a) と (b) では，「安定性」に違いがあり，(a) は安定，(b) は不安定とよぶ．

安定性の違いを考えるには，平衡状態から，わずかに変位させた状態を考えればよい．(a) では，平衡点から変位させると，抗力の向き・大きさが変わる．重力は，抗

力と釣り合う成分と，それ以外の成分とに分解され，それ以外の成分は，ボールを元の平衡点に向かわせる力となる．この力に従ってボールは平衡点に向かい，平衡状態を再現しようとする．一方（b）では，同じ手順を考えると，ボールを平衡点から遠ざけようとする力が生じる．これに従ってボールは下方へ転がっていくことになる．すなわち安定性は，平衡点からの変位を考え，変位の結果，平衡状態に復元する作用があるか否かを調べることにより，判定することができる．

では，（c）ではどうであろうか．この場合，単純に変位を与えるという条件では結果が決まらない．すなわち，変位の程度によって，安定性が変わることがわかる．これは，同じ安定性でも，（a）や（b）とは別種の問題であることがわかる．

7.5.2 ■ 電力システムにおける安定性

電力システムでの安定性については，大きくわけて 2 種類を考える．一つは**同期安定性**というものである．電力システムは，発電と消費が平衡していると，システム中の全ての発電機が同期速度で回転しており，「平衡」状態で運転されている．負荷のわずかな変動や，発電機駆動力の変動などで，平衡状態から「変位」が起きたとき，もとの運転状態に戻れるか否かに安定性の問題がある．また，わずかな変動でなく，大容量負荷の遮断であるとか，一つの発電機が脱落するとかの大きな変動があった場合，やはり平衡した運転状態に戻れるか否かの問題があり，この場合の安定度を**過渡安定度**とよぶ．これに対して，わずかの変動で評価される安定度は**定態安定度**とよばれる．

もう一つは，電圧安定性である．受電有効電力と受電端電圧とは，安定性に関わる関係にあり，インバータ機器など定電力を要求する負荷が増えると問題となる．

7.5.3 ■ 安定度解析モデル

まず，同期安定度について調べるために，安定度の解析モデルをつくる．

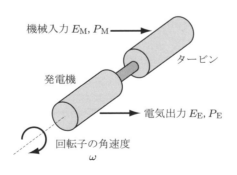

図 7.22　安定度解析モデル

図 7.22 に示すように，タービンと発電機よりなる系を考える．発電機の回転子の磁極の位置を $\theta(t) = \omega_0 t + \delta$ と表す．ここで，ω_0 は同期角速度，t は時間，δ は相差角である．回転子の角速度は，$\omega = \dfrac{d\theta(t)}{dt} = \omega_0 + \dfrac{d\delta}{dt}$ であり，$\dfrac{d\omega}{dt} = \dfrac{d^2\delta}{dt^2}$ となる．図 7.22 の系の回転運動方程式を考える．系の慣性モーメントを I，タービンへの機械入力エネルギーを E_M，発電機からの電気出力エネルギーを E_E とすると，

$$\frac{d(I\omega^2/2)}{dt} = \frac{d(E_M - E_E)}{dt} \tag{7.22}$$

となる．ω の変動は同期角速度に比べて小さいとすると，

$$\frac{d(I\omega^2/2)}{dt} = I\omega\frac{d\omega}{dt} \simeq I\omega_0\frac{d\omega}{dt}$$

となるので，$I\omega_0 = M$（発電機の慣性定数），$\dfrac{dE_M}{dt} = P_M$（機械入力），$\dfrac{dE_E}{dt} = P_E$（電気出力）として，

$$M\frac{d\omega}{dt} = M\frac{d^2\delta}{dt^2} = P_M - P_E \tag{7.23}$$

を得る．これを，発電機の運動方程式または動揺方程式とよぶ．

図 7.22 が，電力システムに繋がっている場合を考える．最も簡単なモデルは，線路を介して**無限大母線**に繋がっている場合で，このようなモデルを**一機-無限大母線系統**とよぶ．無限大母線とは，これより先に非常に多くの発電機や負荷が繋がっている状態を表現したものである．非常に多くの発電機や負荷が繋がっているため，あらゆる大きさの電力を供給・消費することができ，電力の出入りに対して母線の電圧が変化しない．

図 7.23 のように，送電端電圧を $\dot{V}_s$，受電端電圧を $\dot{V}_r$，**線路リアクタンス**を X とすると，電気出力は，$P_E = (V_s V_r \sin\delta)/X \equiv P_m \sin\delta$ と表される．機械入力 P_M は一定として，その値を P_0 とすると，(7.23) 式は，次式のようになる．

$$M\frac{d^2\delta}{dt^2} = P_0 - P_m \sin\delta \tag{7.24}$$

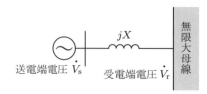

図 7.23　一機-無限大母線系統

7.5.4 ● 定態安定度

定態安定度を調べよう．縦軸に有効電力，横軸に相差角をとって描いたグラフを，電力-相差角曲線とよぶ．7.5.3 項のモデルに基づく電気出力を描くと，**図 7.24** のようになる．

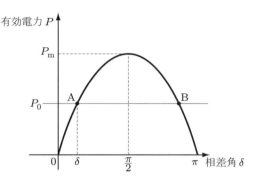

図 7.24 電力-相差角曲線

図 7.24 からわかるように，δ が 0 から π まで変化する際，$\delta = \pi/2$ で P は最大値 P_m をとる．この値を最大伝送可能電力または定態安定極限電力とよぶ．先の定義から，P_m は送受電端電圧にそれぞれ比例し，線路リアクタンスに反比例することがわかる．

図 7.24 には，さらに $P_0 =$ 一定の水平線が描いてある．曲線とは二つの交点を有する．これら交点では，(7.24) 式の右辺の値は 0 となり，運動が時間変化しない，すなわち平衡状態であることがわかる．これらの動作点での安定性を評価してみよう．点 A では δ がわずかに増えると，電気出力が機械入力を上回ることになり，発電機は減速される．発電機の減速は，相差角 δ を減少させる，すなわちもとの平衡点に戻ろうとする．δ がわずかに減った場合は，機械入力が電気出力を上回り，発電機は加速し，相差角が増大，すなわちもとの平衡点に戻ろうとする．よって，点 A は δ のわずかな変化に対して，動作点をもとに戻そうとする作用がはたらくので，安定である．一方，点 B では，δ のわずかな変化に対して，点 A とは全て反対の作用が起こるため，不安定であるといえる．

より一般的に調べれば，平衡点が $\delta < \pi/2$ にあれば安定であり，$\delta > \pi/2$ にあれば不安定であることがわかる．よって，通常の運転状態では，動作平衡点は $0 < \delta < \pi/2$ となる．

7.5.5 ■ 過渡安定度

次に過渡安定度について調べる．これは，何らかの要因で系統の運転条件が変化したときに，動作点が時々刻々変化し，再び安定な平衡点へと向かうか否かを調べるものである．

たとえば，図 7.25 の電力-相差角曲線で考える．最初は点 S で示される曲線 D_1 上の運転状態にあったとする．その後何らかの要因で，曲線が D_2 へと変化したとする．これは，たとえば 2 回線送電線路のうち 1 回線が故障のため遮断された場合，リアクタンスが 2 倍に変化する結果，最大伝送可能電力が 1/2 となる場合などである．

この変化の直後では，δ は変化前の状態と同じであるため，電気出力が D_2 に応じた値 (P_2) へと変化する．その結果，機械入力が電気出力を上回るために発電機は加速し，δ が増える方向に動作点が曲線 D_2 上を移動する．やがて動作点は変化後の平衡点 U に達するが，点 T から点 U まで移動してきた際の余剰入力分，すなわち直線 ST，直線 SU，および曲線 TU で囲まれる面積に相当するエネルギーによってさらに移動を続け，点 U を通過する．これ以降は，逆に電気出力が機械入力を上回る（過剰出力）ために発電機は減速する．余剰入力と等しい過剰出力となる点 V まで移動が続き，これ以降は逆に点 V から点 U へ向かう移動が始まる．再び点 U に戻った際も移動は止まらず，さらに移動の開始点 T へと向かう．このモデルで考える限り，この往復運動は何度も繰り返される．実際の系統では，線路の抵抗などによって余剰入力に対応するエネルギーが消費され，往復運動の振幅が徐々に減少し，ついには平衡点 U に落ち着く．

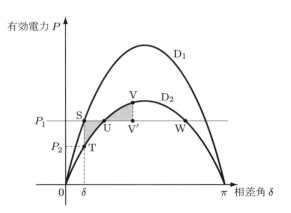

図 7.25　過渡安定度の評価

以上の例では，新たな平衡点に落ち着く結果となったので，過渡安定度について安定である．これは，余剰入力を点 V までの移動で全て消費（発電機の回転エネルギーとして保持）できたためで，図 7.25 に即して表現すれば，面積 STU と同じ面積 UVV′ が確保できたためである．もし，動作点が点 W まで移動しても面積 STU と同じ面積が確保できない場合（面積 STU > 面積 UVW），動作点は点 W をも通過し，以下再度余剰入力を受ける状態へとなる．このようになると発電機は加速し続け，もはや新たな平衡状態に達することができなくなる．この場合，過渡安定度は不安定である．

7.6 故障計算

送配電システムで故障（相間が短絡したり，地絡したりする）が起こると，相間の相互インピーダンス等を通じて，健全であるはずの相も異常な状態となりうる．この節では，このような故障時の基本的な取扱いを調べる．このような故障時には，一般に三相の対称性は失われ，非平衡な状態を取り扱う必要がある．まず，三相非平衡の取扱いの一般的な手法である，対称座標法について解説する．

7.6.1 三相交流と対称座標法

三相回路では，電圧や電流が相に対応した 3 成分をもつ．理論的な解析などでは，通常平衡状態を考えるために，これらの成分が単独で現れて，扱われることは少ない．ところが，故障などの非平衡状態では，3 成分を独立に扱う必要がある．対称座標法とは，このような 3 成分を別の 3 成分に変換して扱うという，文字通り座標変換のようなものである．数学で経験してきた座標変換から推し量れるように，ある系でみた場合は複雑にみえる現象が，別の系では単純な表式で表現できる場合がある．対称座標法も，故障という複雑な現象を簡単に表現し，取り扱うことができる手段である．

(2.73) 式に示した三相の起電力を対象として，対称座標法を一通りながめる．まず，2.4 節でも示したベクトルオペレータ a を導入する．これは，

$$a = e^{j\frac{2\pi}{3}} = \cos\frac{2\pi}{3} + j\sin\frac{2\pi}{3} = -\frac{1}{2} + j\frac{\sqrt{3}}{2} \tag{7.25}$$

であり，これを乗じると位相を 120° 進ませる作用があるものである．これについては，次の性質がある．

$$a^2 = e^{j\frac{4\pi}{3}} = -\frac{1}{2} - j\frac{\sqrt{3}}{2}, \quad a^3 = e^{j\frac{6\pi}{3}} = 1, \quad a^2 + a + 1 = 0 \tag{7.26}$$

a を用いると，対称座標変換は，次のように定義される．

$$\dot{E}_0 = \frac{1}{3}\left(\dot{E}_U + \dot{E}_V + \dot{E}_W\right) \tag{7.27}$$

$$\dot{E}_1 = \frac{1}{3}\left(\dot{E}_U + a\dot{E}_V + a^2\dot{E}_W\right) \tag{7.28}$$

$$\dot{E}_2 = \frac{1}{3}\left(\dot{E}_U + a^2\dot{E}_V + a\dot{E}_W\right) \tag{7.29}$$

ここに，$\dot{E}_0$，$\dot{E}_1$，$\dot{E}_2$ を，それぞれ零相電圧，正相電圧，逆相電圧とよぶ（変換する対象に応じて，一般に零相成分，正相成分，逆相成分とよぶ）．単なる変換であるので，逆変換も可能であり，

$$\dot{E}_U = \dot{E}_0 + \dot{E}_1 + \dot{E}_2 \tag{7.30}$$

$$\dot{E}_V = \dot{E}_0 + a^2\dot{E}_1 + a\dot{E}_2 \tag{7.31}$$

$$\dot{E}_W = \dot{E}_0 + a\dot{E}_1 + a^2\dot{E}_2 \tag{7.32}$$

で表現される．$\dot{E}_0$，$\dot{E}_1$，$\dot{E}_2$ および $\dot{E}_U$，$\dot{E}_V$，$\dot{E}_W$ をそれぞれ列ベクトルとして整理した (7.27) 式～(7.29) 式および (7.30) 式～(7.32) 式の係数行列は，当然，互いに逆行列の関係にある．

このように定義した対称座標成分の意味を考えておく．(7.30) 式～(7.32) 式によると，$\dot{E}_1$ は，$\dot{E}_U$，$\dot{E}_V$，$\dot{E}_W$ のそれぞれの位相に合致して含まれることがわかる．すなわち，もともとの電圧の相順の回転を考えると，その回転と同じ方向の回転成分とみなされ，正相成分とよぶ．一方，$\dot{E}_2$ は，$\dot{E}_U$，$\dot{E}_V$，$\dot{E}_W$ のそれぞれの位相の反対の向きで含まれることから，逆相成分とよぶ．また，$\dot{E}_0$ は，$\dot{E}_U$，$\dot{E}_V$，$\dot{E}_W$ のそれぞれに同じ位相で含まれ，互いの位相差がないことから，零相成分とよぶ．

たとえば，(2.73) 式をそのまま (7.27) 式～(7.29) 式に代入すると，$\dot{E}_0 = 0$，$\dot{E}_1 = \dot{E}$，$\dot{E}_2 = 0$ となり，正相成分のみが存在することがわかる．故障などの作用により，(2.73) 式の形式をはずれてしまうと，逆相および零相成分が生じてくることがわかる．

7.6.2 ● 発電機の基本式

ここでは，対称座標変換を用いて，故障計算の元となる発電機の基本式を導出する．

図 7.26 のような回路で表される発電機を考える．各相の起電力は，(2.73) 式で表されるものとする．

図の回路では，端子電圧 $\dot{V}_U$，$\dot{V}_V$，$\dot{V}_W$ は，$\dot{V}_U = \dot{E}_U - \dot{Z}_U \dot{I}_U$ 等で表されるが，これらは，内部インピーダンスに相互結合がない場合である．$\dot{Z}_U$，$\dot{Z}_V$，$\dot{Z}_W$ については，それぞれの自己インピーダンスを同じ値で $\dot{Z}_a$ とするほか，相互インピーダンスを考える．先行する相に対して $\dot{Z}_c$ を，追従する相に対して $\dot{Z}_b$ を，それぞれ導入すると，

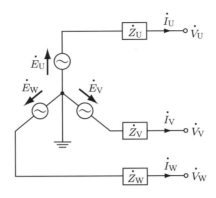

図 7.26 発電機の回路表現

$$\dot{V}_\mathrm{U} = \dot{E}_\mathrm{U} - (\dot{Z}_a \dot{I}_\mathrm{U} + \dot{Z}_b \dot{I}_\mathrm{V} + \dot{Z}_c \dot{I}_\mathrm{W}) \tag{7.33}$$

$$\dot{V}_\mathrm{V} = \dot{E}_\mathrm{V} - (\dot{Z}_c \dot{I}_\mathrm{U} + \dot{Z}_a \dot{I}_\mathrm{V} + \dot{Z}_b \dot{I}_\mathrm{W}) \tag{7.34}$$

$$\dot{V}_\mathrm{W} = \dot{E}_\mathrm{W} - (\dot{Z}_b \dot{I}_\mathrm{U} + \dot{Z}_c \dot{I}_\mathrm{V} + \dot{Z}_a \dot{I}_\mathrm{W}) \tag{7.35}$$

が得られる．行列表現にすると，

$$\begin{bmatrix} \dot{V}_\mathrm{U} \\ \dot{V}_\mathrm{V} \\ \dot{V}_\mathrm{W} \end{bmatrix} = \begin{bmatrix} \dot{E}_\mathrm{U} \\ \dot{E}_\mathrm{V} \\ \dot{E}_\mathrm{W} \end{bmatrix} - \begin{bmatrix} \dot{Z}_a & \dot{Z}_b & \dot{Z}_c \\ \dot{Z}_c & \dot{Z}_a & \dot{Z}_b \\ \dot{Z}_b & \dot{Z}_c & \dot{Z}_a \end{bmatrix} \begin{bmatrix} \dot{I}_\mathrm{U} \\ \dot{I}_\mathrm{V} \\ \dot{I}_\mathrm{W} \end{bmatrix} \tag{7.36}$$

となる．(7.36) 式の両辺に $\dfrac{1}{3}\begin{bmatrix} 1 & 1 & 1 \\ 1 & a & a^2 \\ 1 & a^2 & a \end{bmatrix}$ を乗じて，また電流ベクトルについては逆変換を用いて，それぞれ対称座標成分に変換する．

$$\begin{bmatrix} \dot{V}_0 \\ \dot{V}_1 \\ \dot{V}_2 \end{bmatrix} = \begin{bmatrix} \dot{E}_0 \\ \dot{E}_1 \\ \dot{E}_2 \end{bmatrix} - \frac{1}{3}\begin{bmatrix} 1 & 1 & 1 \\ 1 & a & a^2 \\ 1 & a^2 & a \end{bmatrix}\begin{bmatrix} \dot{Z}_a & \dot{Z}_b & \dot{Z}_c \\ \dot{Z}_c & \dot{Z}_a & \dot{Z}_b \\ \dot{Z}_b & \dot{Z}_c & \dot{Z}_a \end{bmatrix}\begin{bmatrix} 1 & 1 & 1 \\ 1 & a^2 & a \\ 1 & a & a^2 \end{bmatrix}\begin{bmatrix} \dot{I}_0 \\ \dot{I}_1 \\ \dot{I}_2 \end{bmatrix}$$
$$\tag{7.37}$$

ここで，$\dot{E}_0 = 0$, $\dot{E}_1 = \dot{E}_\mathrm{U}$, $\dot{E}_2 = 0$ であり，また，

$$\begin{bmatrix} \dot{Z}_0 \\ \dot{Z}_1 \\ \dot{Z}_2 \end{bmatrix} = \begin{bmatrix} 1 & 1 & 1 \\ 1 & a^2 & a \\ 1 & a & a^2 \end{bmatrix}\begin{bmatrix} \dot{Z}_a \\ \dot{Z}_b \\ \dot{Z}_c \end{bmatrix} \tag{7.38}$$

なる発電機内部の零相/正相/逆相インピーダンスを導入すると，

$$\begin{bmatrix} \dot{V}_0 \\ \dot{V}_1 \\ \dot{V}_2 \end{bmatrix} = \begin{bmatrix} 0 \\ \dot{E}_U \\ 0 \end{bmatrix} - \frac{1}{3} \begin{bmatrix} 1 & 1 & 1 \\ 1 & a & a^2 \\ 1 & a^2 & a \end{bmatrix} \begin{bmatrix} \dot{Z}_0 & \dot{Z}_1 & \dot{Z}_2 \\ \dot{Z}_0 & a^2\dot{Z}_1 & a\dot{Z}_2 \\ \dot{Z}_0 & a\dot{Z}_1 & a^2\dot{Z}_2 \end{bmatrix} \begin{bmatrix} \dot{I}_0 \\ \dot{I}_1 \\ \dot{I}_2 \end{bmatrix} \quad (7.39)$$

となり,整理すると,

$$\dot{V}_0 = -\dot{Z}_0 \dot{I}_0, \quad \dot{V}_1 = \dot{E}_U - \dot{Z}_1 \dot{I}_1, \quad \dot{V}_2 = -\dot{Z}_2 \dot{I}_2 \quad (7.40)$$

が得られる.(7.40) 式を発電機の基本式とよぶ.

(7.36) 式と (7.40) 式とを比較すると,前者は一つの相の成分だけの式はなく,三つの相が互いに関係付けられているのに対して,後者はそれぞれの式が一つの相の成分だけで構成されている.すなわち,後者は各相が独立に扱えることを意味する.発電機の基本式から,図 7.27 の等価回路が描けることがわかる.

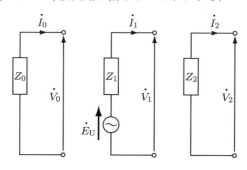

図 7.27 発電機の等価回路

例題 7.4

図 7.28 のように電源の中性点が,直接接地でなく,インピーダンス $\dot{Z}_n$ を通して接地されている場合,発電機の基本式はどのようになるか.

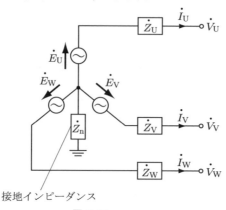

図 7.28

解答
(7.36) 式のインピーダンス行列の各要素にそれぞれ $\dot{Z}_n$ が加わり，(7.40) 式の零相の式に $\dot{Z}_n$ の項が追加されることになる（正相，逆相の式は変わらない）．よって，以下のようになる．

$$\dot{V}_0 = -\dot{Z}_0' \dot{I}_0, \quad \dot{V}_1 = \dot{E}_U - \dot{Z}_1 \dot{I}_1, \quad \dot{V}_2 = -\dot{Z}_2 \dot{I}_2 \tag{7.41}$$

ただし，

$$\dot{Z}_0' = \dot{Z}_a + \dot{Z}_b + \dot{Z}_c + 3\dot{Z}_n$$

7.6.3 ■ 故障計算例

発電機の基本式を用いて，一相地絡の故障計算を行ってみよう．二相地絡については，演習問題を参照されたい．

■ **一相地絡** 図 7.29（a）に示すように，発電機の U 相出力端子が地絡した場合の，故障電流 ($\dot{I}_U$) と健全相電圧 ($\dot{V}_V, \dot{V}_W$) を求めてみよう．

発電機の基本式以外の条件式として，$\dot{V}_U = 0, \dot{I}_V = 0, \dot{I}_W = 0$ がある．
$\dot{I}_V = 0, \dot{I}_W = 0$ を，電流の対称座標成分の定義式に代入すると，

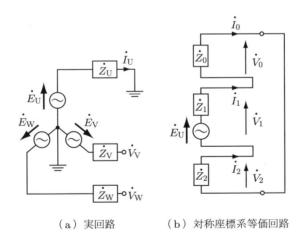

(a) 実回路　　(b) 対称座標系等価回路

図 7.29　一相地絡時の回路

$$\begin{bmatrix} \dot{I}_0 \\ \dot{I}_1 \\ \dot{I}_2 \end{bmatrix} = \frac{1}{3} \begin{bmatrix} 1 & 1 & 1 \\ 1 & a & a^2 \\ 1 & a^2 & a \end{bmatrix} \begin{bmatrix} \dot{I}_U \\ 0 \\ 0 \end{bmatrix} = \begin{bmatrix} \frac{\dot{I}_U}{3} \\ \frac{\dot{I}_U}{3} \\ \frac{\dot{I}_U}{3} \end{bmatrix} \tag{7.42}$$

が得られる．また，$\dot{V}_U = 0$ を対称座標系で表現した $\dot{V}_U = \dot{V}_0 + \dot{V}_1 + \dot{V}_2 = 0$ に発電機の基本式を代入すると，

$$-\dot{Z}_0 \dot{I}_0 + \dot{E}_U - \dot{Z}_1 \dot{I}_1 - \dot{Z}_2 \dot{I}_2 = 0 \tag{7.43}$$

が得られる．(7.42) 式を代入して，$\dot{I}_U$ について解くと，

$$\dot{I}_U = \frac{3\dot{E}_U}{\dot{Z}_0 + \dot{Z}_1 + \dot{Z}_2} \tag{7.44}$$

となり，故障電流が得られた．これを (7.42) 式に戻せば，

$$\dot{I}_0 = \dot{I}_1 = \dot{I}_2 = \frac{\dot{E}_U}{\dot{Z}_0 + \dot{Z}_1 + \dot{Z}_2} \tag{7.45}$$

であるので，これらを発電機の基本式に代入すると，

$$\dot{V}_0 = -\frac{\dot{Z}_0}{\dot{Z}_0 + \dot{Z}_1 + \dot{Z}_2} \dot{E}_U \tag{7.46}$$

$$\dot{V}_1 = \frac{\dot{Z}_0 + \dot{Z}_2}{\dot{Z}_0 + \dot{Z}_1 + \dot{Z}_2} \dot{E}_U \tag{7.47}$$

$$\dot{V}_2 = -\frac{\dot{Z}_2}{\dot{Z}_0 + \dot{Z}_1 + \dot{Z}_2} \dot{E}_U \tag{7.48}$$

となる．これらを，$\dot{V}_V$, $\dot{V}_W$ の対称座標表現の式に代入することにより，

$$\dot{V}_V = \dot{V}_0 + a^2 \dot{V}_1 + a \dot{V}_2 = \frac{(a^2 - 1)\dot{Z}_0 + (a^2 - a)\dot{Z}_2}{\dot{Z}_0 + \dot{Z}_1 + \dot{Z}_2} \dot{E}_U \tag{7.49}$$

$$\dot{V}_W = \dot{V}_0 + a \dot{V}_1 + a^2 \dot{V}_2 = \frac{(a - 1)\dot{Z}_0 + (a - a^2)\dot{Z}_2}{\dot{Z}_0 + \dot{Z}_1 + \dot{Z}_2} \dot{E}_U \tag{7.50}$$

となり，健全相電圧が得られた．

一相地絡時の対称座標系等価回路は，図 7.29（b）のようになる．この回路図から，(7.45) 式〜(7.48) 式が容易に導かれることがわかる．

7.6.4 ■ システムの故障

前節までの内容は，故障が発電機出力端子で起こったものとしている．実際のシステムでは，故障はあらゆる送電経路で起こりうると考えられるが，そのような故障を

どう取り扱えばよいであろうか．

一般のシステムを対象とする場合，**テブナンの定理**を用いて等価回路を考える．テブナンの定理は，「電源を含む回路の任意の端子対に負荷 $\dot{Z}$ を接続した際に流れる負荷電流 $\dot{I}$ は，負荷を接続する前の端子対の電圧 $\dot{E}_0$ と，端子対からみた回路のインピーダンス $\dot{Z}_0$ とで，$\dot{I} = \dfrac{\dot{E}_0}{\dot{Z}_0 + \dot{Z}}$ で表される」であるが，要するに，回路は内部インピーダンス $\dot{Z}_0$ をもつ電圧源で，等価的に表すことができる，という意味である．

例として，システムの送電線路途上での地絡故障を考える．図 7.30 のように線路上の点 X で地絡が起こるとする．その際，点 X と地絡先のアース点 X′ とを注目する端子対と考えてテブナンの定理を用いる．点 X より左側（電源側）にある送電線，発電・変電機器，場合によっては負荷等と，点 X より右側（負荷側）にある送電線，負荷，変電機器，場合によっては発電機等とが，端子 XX′ に並列に繋がっているものとみなす．すると，それら全てを内部インピーダンスをもつ電圧源で等価的に表すことができるはずである．

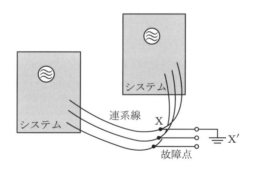

図 7.30　系統の故障

システムは基本的に三相電源であることを考慮すると，等価回路は図 7.26 のようになる．前項までの内容は，図 7.26 を基にして，その出力端子での故障を扱ってきたが，上記の対応を考えれば，システム上のあらゆる場所での故障でも，テブナンの等価回路を考えれば，前項までで扱ってきたものに帰着できることがわかる．

7.7　電気エネルギーシステムの経済的運用

現代社会の維持発展を支え地球環境に与える影響を最小限に抑えるためにも，電気エネルギーの供給を安定かつ安価に行うことは極めて重要な課題であり，既存のシス

テムの効率的な運用による経済性向上が望まれる．ここでは，送電損失を考慮して，複数の汽力発電ユニットの最適運転法を考察する．さらに，電力自由化後の送電品質の確保について述べる．

7.7.1 ■ 汽力発電ユニットの経済的負荷配分

経済的負荷配分 (economic load dispatching) は，複数の汽力発電ユニットの出力を，最小の燃料費で負荷電力 P_R を供給できるように配分するものである．

すなわち，発電ユニットの数を n，各出力を P_i とするとき，

$$P_1 + P_2 + \cdots + P_n = P_R \tag{7.51}$$

の条件のもとで，燃料費 $F = F_1(P_1) + F_2(P_2) + \cdots + F_n(P_n)$ を最小にする P_i を求めることになる．ここで，F_i は各発電ユニットの燃料費で P_i の関数である．

このような問題を解くには，ラグランジュ (Lagrange) の未定乗数法が適用される．これは，(7.51) 式の制約条件に対して未定乗数 λ を導入し，次のラグランジュ関数を最小化する $P_1 \sim P_n$ を求めるものである．

$$L = \sum_{i=1}^{n} F_i(P_i) - \lambda \left(\sum_{i=1}^{n} P_i - P_R \right) \tag{7.52}$$

つまり，上式を $P_1 \sim P_n$ および λ について偏微分したものが全て 0 になればよい．

$$\frac{\partial L}{\partial P_i} = \frac{dF_i}{dP_i} - \lambda = 0 \quad (i = 1, 2, \ldots, n)$$

$$\frac{\partial L}{\partial \lambda} = \sum_{i=1}^{n} P_i - P_R = 0$$

これより，

$$\frac{dF_1}{dP_1} = \frac{dF_2}{dP_2} = \cdots = \frac{dF_n}{dP_n} = \lambda, \quad \sum_{i=1}^{n} P_i - P_R = 0 \tag{7.53}$$

が得られる．ここで，$\dfrac{dF_i}{dP_i}$ を増分燃料費といい，(7.53) 式を満足する運転が燃料費を最小とする等増分燃料費則である．

発電ユニットは定格出力時に最大効率となり消費する燃料が最小となるため，F_i は，

$$F_i(P_i) = a_i + b_i P_i + c_i P_i^2$$

のように 2 次関数で近似される．増分燃料費は，

$$\frac{dF_i}{dP_i} = b_i + 2c_i P_i = \lambda$$

である．よって，発電ユニットの出力は，

$$P_i = \frac{\lambda - b_i}{2c_i}$$

となる．これは先の制約条件より，

$$\sum_{i=1}^{n} P_i = \sum_{i=1}^{n} \frac{\lambda - b_i}{2c_i} = P_\mathrm{R}$$

となるので，λ は上式を満たすように選ぶことになる．つまり，

$$\lambda = \frac{\displaystyle\sum_{i=1}^{n} \frac{b_i}{c_i} + 2P_\mathrm{R}}{\displaystyle\sum_{i=1}^{n} \frac{1}{c_i}} \tag{7.54}$$

が得られる．この λ より，各発電ユニットの最適出力 P_i は，

$$P_i = \frac{\displaystyle\sum_{i=1}^{n} \frac{b_i}{c_i} + 2P_\mathrm{R}}{2c_i \displaystyle\sum_{i=1}^{n} \frac{1}{c_i}} - \frac{b_i}{2c_i} \tag{7.55}$$

となる．

7.7.2 ■ 送電損失を考慮した最適出力配分

送電線路には 7.2 節で説明したように損失が発生する．この損失による影響を考慮した場合には，燃料費特性が同じ発電ユニットであれば電力消費地に近い発電ユニットの発電出力を増加させることが経済的に有利となる．以下では発電ユニットの出力変化による潮流分布に与える影響を無視できるとする．まず簡単のため，発電ユニットを 2 機として負荷系統を考える．各発電ユニットから連系点までの送電線路の抵抗を R_1, R_2，連系点から負荷までの送電線路の抵抗を R_3 とし，連系点での電流は同相とする．発電ユニット出力電圧 V_i，力率 $\cos\phi_i$ を一定と考えると系統に流入する電流は，$I_i = P_i/(\sqrt{3}\,V_i \cos\phi_i)$ である．よって，ここでの全送電損失は，

$$\begin{aligned}
P_\mathrm{L} &= 3I_1^2 R_1 + 3I_2^2 R_2 + 3(I_1 + I_2)^2 R_3 \\
&= \frac{P_1^2(R_1 + R_3)}{(V_1 \cos\phi_1)^2} + \frac{2P_1 P_2 R_3}{V_1 V_2 \cos\phi_1 \cos\phi_2} + \frac{P_2^2(R_2 + R_3)}{(V_2 \cos\phi_2)^2} \\
&= B_{11} P_1^2 + 2B_{12} P_1 P_2 + B_{22} P_2^2 = \sum_{i=1}^{2} \sum_{j=1}^{2} P_i B_{ij} P_j
\end{aligned}$$

となる．

したがって一般に発電ユニット数 n の場合の送電線路の損失は，

$$P_{\mathrm{L}} = \sum_{i=1}^{n} \sum_{j=1}^{n} P_i B_{ij} P_j \tag{7.56}$$

と表される．ここで，B_{ij} は B 係数とよばれ，実用上利用されている．

送電損失を考慮した場合，発電ユニットの出力は，

$$\sum_{i=1}^{n} P_i = P_{\mathrm{R}} + P_{\mathrm{L}} \tag{7.57}$$

の制約条件を満たしながら F を最小にすればよい．7.7.1 項と同様に，

$$L = \sum_{i=1}^{n} F_i(P_i) - \lambda \left(\sum_{i=1}^{n} P_i - P_{\mathrm{L}} - P_{\mathrm{R}} \right) \tag{7.58}$$

を導入して，

$$\frac{\partial L}{\partial P_i} = \frac{dF_i}{dP_i} - \lambda \left(1 - \frac{\partial P_{\mathrm{L}}}{\partial P_i} \right) = 0 \quad (i = 1, 2, \ldots, n)$$

$$\frac{\partial L}{\partial \lambda} = \sum_{i=1}^{n} P_i - P_{\mathrm{L}} - P_{\mathrm{R}} = 0$$

より，

$$\frac{dF_i}{dP_i} \frac{1}{1 - \frac{\partial P_{\mathrm{L}}}{\partial P_i}} = L_i \frac{dF_i}{dP_i} = \lambda, \quad \sum_{i=1}^{n} P_i - P_{\mathrm{L}} - P_{\mathrm{R}} = 0 \tag{7.59}$$

が得られる．ここで，$L_i = 1/(1 - \partial P_{\mathrm{L}}/\partial P_i)$ を発電所のペナルティ係数という．$\partial P_{\mathrm{L}}/\partial P_i$ は発電ユニット i の出力変化による送電損失の変化率であるから，ペナルティ係数は，ある負荷地点に送電する発電ユニットがどの程度の電力を余分に出力する必要があるかを示す係数といえる．経済的負荷配分からみれば，発電ユニットは負荷端での受電電力から増分燃料費を等しくするよう負荷配分を行うことが必要となる．

7.7.3 ● 発電ユニットの多様化とアンシラリーサービス

1995 年の電気事業法改正により，一般事業者が独立系発電事業者 (independent power producer: IPP) として電力会社へ電力の卸供給を行うことが可能となった．現在，製鉄用高炉や化学プラントの廃熱を有効利用する形での製鉄，化学会社の IPP 事業や，その他事業者より安価に燃料を調達可能な石油関連企業などが卸事業に参加している．また，これ以外に風力発電による IPP 事業への参加が行われており，クリーンエネルギーを含めた発電事業者が多くなってきている．さらに，各 IPP は，電力事業者が所有する送配電系統を使用して発電電力を需要家に供給する場合が多い．このように多様な発電システムが多数接続された送配電系統において，系統を管理運営す

る電力事業者側からみると，IPP の供給電力はエネルギー源として貴重ではあるが，系統の品質維持や安定化に余分の資源を必要とする．これには，6.2 節で述べた調相設備や STATCOM[†] と称されるパワーエレクトロニクス機器の重要性が高い．そこで，電力事業者は IPP などの発電事業者に対して，電力品質の維持と安定性確保を目的とするアンシラリーサービス (ancillary service) を提供している．これは，送配電系統における周波数・電圧制御，系統や発電所故障時に対処する予備電力確保などのサービスの総称である．日本においては，アンシラリーサービスの提供者は既存の送配電系統を所有する電力事業者のみであるが，電力自由化の進んだアメリカでは，このような品質・安定化を行う事業者あるいは送配電を専らとする事業者も存在する．

演習問題 7

1 相電圧 $10\,\mathrm{kV}$ の対称三相交流電源に，抵抗 R と誘導性リアクタンス X からなる平衡三相負荷を接続した交流回路がある．平衡三相負荷の全消費電力が $200\,\mathrm{kW}$，線電流 I の大きさ（スカラ量）が $20\,\mathrm{A}$ のとき，R と X の値を求めよ（平方根は開かなくてよい）．［類・電験III・理論・2005］

2 受電端電圧が $20\,\mathrm{kV}$ の三相3線式の送電線路において，受電端での電力が $2{,}000\,\mathrm{kW}$，力率が 0.9（遅れ）である場合，この送電線路での抵抗による全電力損失はいくらか．ただし，送電線1線あたりの抵抗値は $8\,\Omega$，線路のインダクタンスは無視するものとし，損失を kW の単位で求めよ．［類・電験III・電力・2005］

3 三相3線式1回線の専用配電線がある．変電所の送り出し電圧が $6{,}600\,\mathrm{V}$，末端にある負荷の端子電圧が $6{,}450\,\mathrm{V}$，力率が遅れの 70% であるとき，次の A および B に答えよ．ただし，電線1線あたりの抵抗は $0.45\,\Omega/\mathrm{km}$，リアクタンスは $0.35\,\Omega/\mathrm{km}$，線路のこう長は $5\,\mathrm{km}$ とする．［類・電験III・電力・2006］
A. この負荷に供給される電力の値はいくらか．
B. 負荷が遅れ力率 80% のものに変化したが線路損失は変わらなかった．このときの電力の値はいくらか．

4 定格容量 $500\,\mathrm{kVA}$ の三相変圧器に $400\,\mathrm{kW}$（遅れ力率 0.8）の平衡三相負荷が接続されている．これに新たに $60\,\mathrm{kW}$（遅れ力率 0.6）の平衡三相負荷を追加接続する場合について，次の A および B に答えよ．［類・電験III・法規・2006］
A. キャパシタを設置していない状態で，新たに負荷を追加した場合の合成負荷の力率はいくらか．
B. 新たに負荷を追加した場合，変圧器が過負荷運転とならないために設置するキャパシタ設備の必要最小の定格設備容量の値を kVar の単位で求めよ．

---

† static synchronous compensator

5 問図 7.1 に示すように，発電機の V 相および W 相出力端子が地絡した場合の，故障電流 ($\dot{I}_V, \dot{I}_W$) と健全相電圧 ($\dot{V}_U$) とを求めよ．また，この場合の対称座標系等価回路を描け．

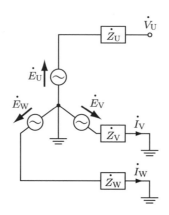

問図 7.1　二相地絡時の実回路

第 8 章

配 電

配電は，電力輸送の流れの末端であり，発生した電気エネルギーを消費する部分の直近である．配電用変電所で配電電圧に降圧された電力は，配電線網を経由して需要家へもたらされる．ここでは，配電線網について述べる．また，配電の効率性に関係する需要率，不等率および負荷率などについて考察する．これらについては，種々の観点から，省エネルギー問題につながるものが多い．

8.1 配電方式

8.1.1 配電電圧

配電に使用される電圧は，表 8.1 のように，特別高圧，高圧，低圧に区分されている．

表 8.1 配電電圧の区分

区分	電圧
特別高圧	7,000 V を超えるもの
高圧	低圧の限度を超えて 7,000 V 以下のもの
低圧	交流 600 V 以下 直流 750 V 以下

送電線により電力を受けた配電用変電所は，配電線や変圧器により，表 8.1 に示される配電電圧に降圧して，需要家へと配電する．その場合，特別高圧や高圧配電線の電気方式としては，三相 3 線式が多く用いられ，低圧配電線では三相 3 線式，単相 3 線式，単相 2 線式などが用いられる．場合によっては，V 結線三相 4 線式が用いられることがある．

8.1.2 電気方式

図 8.1 は特別高圧や高圧配電線から変圧器により低圧に降圧する方法を示している．三相 3 線式は三相 200 V が得られるもので動力用に用いられる．三相 4 線式は動力用

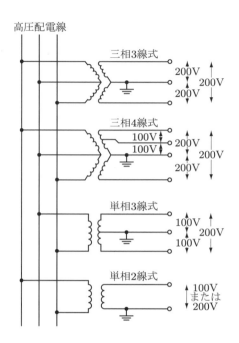

図 8.1　低圧供給方法

三相 200 V と電灯用単相 100 V を 4 線で供給するものである．これは，図の巻線をもつ単一の変圧器を用いる場合と，2 台の単相変圧器を用いる場合がある．単相 3 線式は，中性線をもち，両端は 200 V，中性線と他線間は 100 V である．単相 2 線式は 100 V あるいは 200 V 専用となる．

配電線路は，配電用変電所を基点として枝分かれするように伸びてゆく放射状式と，閉じた経路を構成するループ式があり，経済性，信頼性，電圧降下などを考慮して選択される．これらは，低圧や高圧配電線に用いられている．

特別高圧配電線では，ループ式も用いられるが，図 8.2 に示すネットワーク式による需要家への配電が行われている．(a) はレギュラーネットワーク式とよばれ，22 kV 配電線からネットワーク変圧器により 400 V の低圧ネットワークを経由して需要家へ供給する．(b) はスポットネットワーク式とよばれ，大容量需要家に対して直接 22 kV を配電するものである．

図 8.3 は一般的な**架空装柱**の概略を示している．支持物であるコンクリート柱などの最上部に架空地線があり，その下に 6,600 V **三相 3 線式高圧配電線**が配置されている．その下には，200/100 V 単相 3 線式の電灯用低圧配電線がある．**高圧配電線**と電灯用低圧配電線の間に，**動力用低圧配電線**をおく場合もある．高圧配電線から**高圧引**

8.1 配電方式

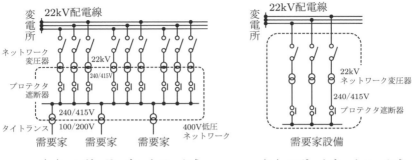

(a) レギュラーネットワーク式　　(b) スポットネットワーク式

図 8.2　ネットワーク式配電

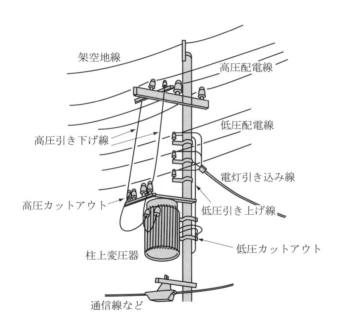

図 8.3　架空装柱の概略図

き下げ線により高圧カットアウトを経て柱上変圧器の1次側に接続され，2次側から低圧カットアウトを経由して低圧引き上げ線を通り，低圧配電線に接続されている．また，低圧配電線からは電灯引き込み線により一般家庭へ配電される．

架空装柱の外形や配電線配置などは，都市景観の観点からしばしば見直され，次第に改良されたものになってきている．また，都市中心部などでは，配電線の地中化も進められている．

8.2 電圧変動

8.2.1 線路電圧降下

　一般に機器は定格電圧で使用するべきで，電圧変動は，使用する機器にとって効率の低下や機器寿命を縮めるなど，好ましくない．第 7 章での取り扱いとほぼ共通であるが，(7.10) 式の関係式で示される線路における電圧降下によって，電圧変動がもたらされる．

　大きな電力を使用する需要家では，調相設備を導入して電圧降下を軽減することが考えられる．調相設備による力率改善は線路損失の低減にもつながるため，経済性や省エネルギー策として評価する面もある．このほか，配電用の変圧器での電圧降下もある．

8.2.2 分散電源の影響

　配電線には，太陽光発電や風力発電など小規模な**分散電源**が多数接続される可能性がある．配電は電気エネルギーシステムの末端であり，送電などと比べて電力容量が小さいため，小電力の分散電源でも配電に与える影響は小さくない．とくに，分散電源が発電電力を配電側に**逆潮流**として供給すると，その接続点付近では配電線の電圧が上昇する．また，分散電源の発電電力が急激に低下したり，分散電源が配電から切り離された場合は，接続点付近では電圧の下降が起こる．これらの電圧変動が許容範囲におさまるように監視が必要である．

8.3 経済性

　需要家が電力利用に関して経済性を考える際には，損失の低減，契約電力の低減，設備の効率化などの点がある．

8.3.1 損失低減

　損失は，直接経済性にひびく．これまで調べてきた線路損失はその代表であり，対策も同様に，無効電力の低減などがある．

　今，インピーダンス $\dot{z} = r + jx$ をもつ配電線により遅れ力率 $\cos\phi_1$ の負荷に複素電力 $P_L + jQ_L$ を供給しているものとする．この無効電力を低減させるために，負荷の直前に**進相キャパシタ**を接続し，無効電力 jQ_C を供給した結果，負荷の力率が $\cos\phi_2$ ($\phi_2 < \phi_1$) に改善したとする．このとき，

$$\cos\phi_1 = \frac{P_\mathrm{L}}{\sqrt{P_\mathrm{L}^2 + Q_\mathrm{L}^2}}$$

$$\cos\phi_2 = \frac{P_\mathrm{L}}{\sqrt{P_\mathrm{L}^2 + (Q_\mathrm{L} - Q_\mathrm{C})^2}}$$

が成り立つので，力率改善前と後の配電線路の損失を求めると，

$$W_1 = 3rI_1^2 = r\left(\frac{P_\mathrm{L}}{V_\mathrm{L}}\frac{1}{\cos\phi_1}\right)^2$$

$$W_2 = 3rI_2^2 = r\left(\frac{P_\mathrm{L}}{V_\mathrm{L}}\frac{1}{\cos\phi_2}\right)^2$$

ここで，I_1，I_2 は改善前と後の線路電流，V_L は負荷電圧である．力率改善による線路損失の減少は，$W_1 - W_2$ であるから，

$$W_1 - W_2 = r\left(\frac{P_\mathrm{L}}{V_\mathrm{L}}\right)^2 \left(\frac{1}{\cos^2\phi_1} - \frac{1}{\cos^2\phi_2}\right)$$

を得る．

その他，変圧器の損失も問題となる．変圧器の損失には，銅損と鉄損とがあるが，使用条件によって，どちらが問題となるかを検討する必要がある．一般に大型の変圧器では銅損を小さくできるが，逆に鉄損が大きな比重を占めることになる．2.4 節で述べたように，変圧器の効率は銅損と鉄損が等しくなるときに最大となる．

変圧器の対策としては，V 結線を利用して変圧器の台数を減らし，鉄損を抑えることも考えられる．

8.3.2 ■ 契約電力の低減・設備の効率化

契約電力は，需要家の電力利用計画に基づいて決定されるものである．大きな電力での契約は，経済的な負担増加となるので，効率的な利用を考えなければならない．利用計画の策定のために，いくつかの指標がある．

需要率 最大需要電力を設備容量で除したものである．設備容量以上の電力は供給できないので，1 以下の値となる．値が 1 よりはるかに小さい場合は，設備容量を見直して，適正規模の設備に変更する．たとえば，不必要に大容量の変圧器の使用は，大きな鉄損などで損失を大きくしている．また，1 近くの値の場合，最大需要電力の抑制ができないかを検討する．抑制できる場合，やはり適正規模の設備変更が可能であり，これに応じた契約電力となっている場合，契約電力の低減もできる．

不等率 電力供給領域内の個々の組織やビルごとの最大需要電力を積算したものを，その領域全体の最大需要電力で除したもので，1 以上の値になる．値が大きいほうが望ましい．図 8.4（a）に示すように，たとえば，個々の組織ごとの最大需要電力

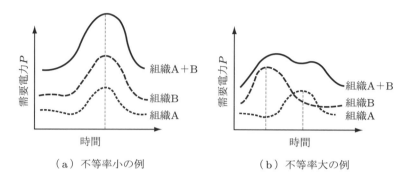

図 8.4　需要電力の時間変化と不等率

をとる時間がまったく同じ場合，値は1となる．図8.4（b）のように，最大需要電力をとる時間をずらすことができれば，値は大きくなる．これにより，領域としての最大需要電力が小さくなり，設備容量または契約電力の低減へと結びつけられる．

▌**負荷率**　ある期間の平均需要電力を最大需要電力で除したもので，1以下の値になる．考える期間を1日や1年とすることで，それぞれ日負荷率や年負荷率とよぶ．値は1に近いほうが望ましいが，1となるのは期間の終始同じ需要電力が続く場合のみである．一般に期間中の需要電力は時時刻刻と変化し，これを需要電力対時間でグラフにしたものを負荷曲線（期間に応じて日負荷曲線や年負荷曲線）とよぶ（**図8.5**）．需要の変化が大きいほど負荷率は小さな値となる．電気や熱エネルギーの形での貯蔵設備を導入することにより，需要の変化を小さくすることができれば，最大需要電力が小さくなり，設備容量または契約電力の低減へと結びつけられる．

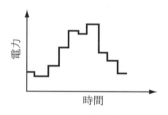

図 8.5　負荷曲線

8.4 配電設備の運用と利用

8.4.1 配電自動化システム

　配電線は樹枝状系統で，長さが長く供給エリアも広範囲にわたるため，一度故障が起きると，故障箇所の発見・復旧，送電に長時間を要す場合がある．そこで，主な地点に自動区分開閉器を設置し，配電線に故障が発生した場合には，配電用変電所の遮断器の再閉路方式と協調させ，電源側から自動区分開閉器を順次投入し故障区間以降を切り離す順送式故障区間自動検出方式が導入された．この場合は，故障区間よりも電源側にある健全区間への自動的な送電は可能であるが，故障区間以降にある健全区間への送電は現地での開閉器操作が必要になる．

　その後のコンピュータ技術の進展により，系統運用操作を自動制御する自動遠隔制御方式を経て，配電線自動運用システムが開発された．開閉器遠隔制御機能により停電故障発生時の健全停電区間（故障区間以外の区間）への負荷融通などの自動系統運用操作が可能となっている．

8.4.2 配電設備管理システム

　膨大な設備量や業務量を有し，年々高度化・多様化する配電設備の中で，過去の傾向や経験的な基準のみに頼っていては，的確な投資や品質管理が困難である．したがって，日常業務の効率化と精度向上を図るため，コンピュータを利用した配電設備管理システムが導入されている．これは，配電設備の設置場所，施設年などの情報をコンピュータに蓄積し，設備の異動（新設，変更，廃止）に応じて更新し，たえず実設備と一致させて管理できる仕組みを有しているとともに，設備の増強・機能維持工事計画，設計および設備保守管理へ，その管理情報を提供できる総合的なシステムである．これにより前項の配電自動化システムに対して設備更新情報などの通知が行われ，円滑な自動系統運用操作を保障している．

8.4.3 高速電力線通信

　高速電力線通信 (power line communication: PLC) とは，電力を供給するために敷設された屋内電力線に，2 MHz 〜 30 MHz の周波数帯の通信信号を重畳することによりデータ伝送を行う技術である．PLC は既設の電力線を用いて通信を行うことができるため，以下の特徴がある．

① 既設の電力線を利用できるため，新たな通信線配線工事が不要で経済的である．

② コンセントに挿すだけで利用可能である．
③ 建物内にあるコンセントを通信用コンセントとして利用でき，どこでも使える．

一般家庭では，ブロードバンド回線の宅内延長やホームネットワークへの利用ができる．既設のマンションにおいては，高速 PLC モデムの親機をマンションの電気室に設置して外部とのブロードバンド回線を接続し，子機はマンションの各戸へ設置することで，新規の配線工事なしに，容易に各戸へのインターネット提供が可能となる．また，オフィスなどでは従来方式の LAN 配線を変更する場合に多大な時間と費用がかかるが，PLC により LAN 環境を構築すると，配線が簡素化されるとともに，非常に簡単にレイアウト変更が可能となる．

演習問題 8

1 下の記述中の空白箇所（ア），（イ）および（ウ）に当てはまる語句として，正しいものを組み合わせたのは末尾の選択肢のうちどれか．［類・電験Ⅲ・法規・2006］

配電系統および需要家設備における供給設備と負荷設備との関係を表す係数として，需要率，不等率，負荷率があり，最大需要電力／ (ア) を需要率，各需要家ごとの最大需要電力の総和／全需要家を総括したときの (イ) を不等率，ある期間中における負荷の (ウ) ／最大需要電力を負荷率という．

	（ア）	（イ）	（ウ）
(1)	総負荷設備容量	合成最大需要電力	平均需要電力
(2)	合成最大需要電力	平均需要電力	総負荷設備容量
(3)	平均需要電力	総負荷設備容量	合成最大需要電力
(4)	総負荷設備容量	平均需要電力	合成最大需要電力
(5)	変圧器設備容量	総負荷設備容量	平均需要電力

2 ⅠとⅡの二つ変電所をもつ工場がある．ある期間において，Ⅰ変電所は負荷設備の定格容量の合計が 500 kW，需要率 90%，負荷率 60% であり，Ⅱ変電所は負荷設備の定格容量の合計が 300 kW，需要率 80%，負荷率 50% であった．二つの変電所間の不等率が 1.3 であるとき，次の A および B に答えよ．［類・電験Ⅲ・法規・2004］

A．工場の合成最大需要電力を kW の単位で表すとき，最も近いのは次のうちどれか．
 (1) 346　(2) 450　(3) 531　(4) 615　(5) 690

B．工場を総合したこの期間の負荷率の値として，最も近いのは次のうちどれか．
 (1) 0.55　(2) 0.565　(3) 0.634　(4) 0.734　(5) 0.867

3 問図 8.1 のような三相 3 線式配電線で，各負荷に電力を供給する場合，全線路の電圧降下の値はいくらか．ただし，電線の太さは全区間同一で抵抗は 1 km あたり 0.35 Ω，負荷の力率はいずれも 100% で，線路のリアクタンスは無視するものとする．［類・電験Ⅲ・電力・2004］

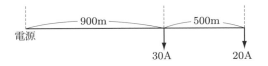

問図 8.1

4 問図 8.2 のように，電圧線および中性線の抵抗がそれぞれ 0.1 Ω および 0.2 Ω の 100/200 V 単相 3 線式配電線路に，力率が 100%で電流がそれぞれ 60 A および 40 A の二つの負荷が接続されている．この配電線路にバランサを接続した場合について，次の問いに答えよ．ただし，負荷電流は一定とし，線路抵抗以外のインピーダンスは無視する．[類・電験Ⅲ・電力・2004]
A．バランサに流れる電流の値はいくらか．
B．バランサを接続したことによる線路損失の減少量 [W] を求めよ．

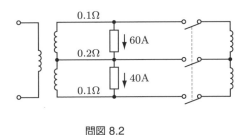

問図 8.2

5 配電系統の構成方式の一つであるスポットネットワーク方式に関する記述として誤っているのは次のどれか．[類・電験Ⅲ・電力・2002]
(1) 都市部の大規模ビルなど高密度大容量負荷に供給するための，2 回線以上の配電線による信頼度の高い方式である．
(2) 万一，ネットワーク母線に事故が発生したときは，受電が不可能になる．
(3) 配電線の 1 回線が停止するとネットワークプロテクタが自動開放するが，配電線の復旧時にはこのプロテクタを手動投入する必要がある．
(4) 配電線事故で変電所遮断器が開放すると，ネットワーク変圧器に逆電流が流れ，逆電力継電器により事故回線のネットワークプロテクタを開放する．
(5) ネットワーク変圧器の 1 次側は，一般には遮断器が省略され，受電用断路器を介して配電線と接続される．

6 問図 8.3 のような単相 2 線式配電線路で，K，L，M，N の 4 地点の負荷に電力を供給している．電線の種類，太さは全区間同一で，電線の抵抗は 1 km あたり 0.48 Ω，負荷の力率はいずれも 100%として，次の問いに答えよ．ただし，線路のリアクタンスは無視するものとする．[類・電験Ⅲ・電力・2003]

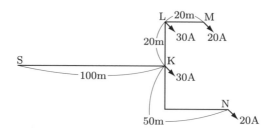

問図 8.3

A. 電源 S 点からの電圧降下が最も大きい地点での電圧降下の値はいくらか.
B. L 地点の負荷が増加して 50 A になったとき，電圧降下の最も大きい地点での電圧降下が，前の値より大きくならないように SK 間の電線を張り替えることとした．SK 間の新しい電線の 1 km あたりの抵抗の最大値はいくらか.

第 9 章

エネルギーの効率的供給と利用

　地球温暖化という大きな問題を抱える中で，CO_2 の排出削減のためにあらゆる努力をする必要がある．しかしながら，現用発電方式を全て再生可能エネルギーによる発電に置き換えることは，今世紀中には不可能に近い．そこで，既存発電設備や化石燃料消費機器において，新技術に基づく CO_2 の排出削減を図ることが重要である．また，発電設備やエネルギー消費機器の一層の効率改善も排出削減に寄与する．分散型コージェネレーションやヒートポンプによる空調などがこれに対応する．また，直接に CO_2 を排出する自動車も，新しい駆動方式の開発が進んでいる．本章では，これらに関連するエネルギーの効率的供給と利用について学ぶ．

9.1 現用システムの改良と環境対策

9.1.1 水力発電

　水力発電は再生可能エネルギーによる大規模発電であり，環境保全性，効率，出力調整能力の全てに優れた発電方式である．大規模水力発電所として，300～400 MW 出力のものが作られてきた．しかし，わが国では全包蔵水力の 70% 以上が利用し尽くされており，これ以上の水力発電所の立地は困難とされている．また，発電所と需要地間の距離が長く，送電損失や保守の問題がある．

　そこで，近年の水力発電開発は，大都市近郊を中心とした揚水発電所の建設が中心となっている．1.4 節や第 5 章で述べたように，揚水発電所は唯一の実用大規模電力貯蔵装置として，負荷平準化に不可欠な存在である．新規建設にあたっては，とくに経済性を考慮して大容量，高効率を目指し，通常数十 MW であるところ，単機出力 100 MW から 400 MW 超の大出力や，通常落差数百 m のところ，500 m を超える高落差などをもつものが主流になっている．高効率に関しては，ポンプ水車のランナ形状を工夫することにより，広範囲の負荷状態において水車効率の改善とキャビテーションの発生低下が図られている．

　揚水発電所の需要地近接化の一方法として，海岸に立地させて海水を利用することも行われている．これにより下部貯水池を省略することができ，設備の簡素化にもな

るが，一方で水車や配管の塩分による腐食対策をとる必要がある．

9.1.2 ■ 火力発電

　火力発電は水力発電に比べて立地条件の制約が少なく，建設期間が短く，さらに大出力のものが容易に得られる，などの特徴により，1960年頃から急速に拡大し，現在は全発電出力の60%以上を発電している．蒸気タービンへの蒸気温度と圧力も年々増大し，600°C以上，31 MPa以上を達成し，電気出力も単機1,000 MWを超えている．しかし，化石燃料の大量消費による地球温暖化に対する懸念や，石油依存のエネルギー構造の改善気運も強く，基幹発電設備としての地位は続くものの質的改善が望まれている．

■ 火力発電におけるCO_2分離回収　石油あるいは石炭燃焼ボイラの排気ガスに含まれるSO_XやNO_Xは2.2節で述べた方法で除去されるが，CO_2はそのまま大気中に放出されるのが現状である．これに対し，CO_2に対して化学吸収法を適用して大気放出を防止しようとする技術が開発されている．排気ガスを吸収塔に導き液体の吸収剤と接触させてCO_2を含むイオンを生成し，それを再生塔に送って，蒸気加熱することでCO_2を分離，回収する．この装置の外観を図9.1に示す．

図9.1　吸収式CO_2回収装置（関西電力南港発電所）

　回収されたCO_2は化学工業用に使用することもできるが，大量に処理するために地下に固定化する方式が開発中である．これは，地下の石炭層にCO_2を注入すると，石炭にもともと吸着されているCH_4よりもCO_2のほうが吸着されやすいため，CO_2がCH_4を置換し石炭層に吸着され固定されるものである．このときCH_4すなわち天然ガスが放出されるので，それを資源として使用できるメリットもある．

■ **バイオマス混合燃焼** 火力発電所からの CO_2 排出削減のもう一つの方法として，石炭燃焼ボイラにおいて石炭にバイオマスを混合して燃焼させることが試行されている．バイオマスは第3章で述べたように，もともと大気中の CO_2 を固定して生産されたものであるから，それを燃焼させて発生した CO_2 は大気中の CO_2 を増加させたことにはならない，と解釈されている．バイオマスで石炭を完全に代替できれば大きな CO_2 排出削減効果があるが，ボイラでの燃焼性の悪さや発熱量の低さの問題がある．また，バイオマスは生産地が集中して大量に得られる性格のものではないから，収集や輸送にコストがかかり過ぎる問題もある．

■ **コンバインドサイクル** 二つの熱サイクルを縦続して接続し，第1のサイクルで放出される熱量を第2のサイクルの高温熱源の熱量とすれば，各熱サイクルの効率以上の総合効率が得られることを2.2節で述べた．この場合，縦続する熱サイクルは二つ以上であってもよい．

天然ガスを燃焼させる火力発電所は，最初は石油を置き換えて天然ガスを燃焼させるだけであったが，やがて第1の熱サイクルにガスタービンサイクルを，第2の熱サイクルに蒸気タービンサイクルを用いるコンバインドサイクルになってきている．

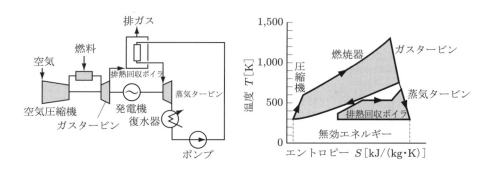

図9.2 LNGコンバインドサイクル

図9.2は燃料として天然ガスを用いるコンバインドサイクルの構成図と T–S 線図を示している．2.2節の説明とは異なり実際のサイクルは準静的過程ではないので，断熱変化の経路でエントロピーが増加している．天然ガスの燃焼器の温度，すなわちガスタービンへの供給ガス温度は $1,200 \sim 1,500°C$ となり，ガスタービンの排熱も $700°C$ 以上と非常に高い．この排熱を排熱回収ボイラに導き蒸気を発生させ，それを蒸気タービンへ送る．ガスタービンと蒸気タービンは同一軸で発電機を回転させるとともに，天然ガス燃焼器への供給空気を圧縮するための圧縮機も回転させる．このコンバインドサイクルの発電効率はガスタービンの燃焼ガス温度が高いほど高く，$1,300°C$ では

総合効率は約 43%，1,500°C では 50%以上となる．これは，同じ電気出力を得るために排出しなければならない CO_2 量が石油や石炭火力発電に比べて非常に減少することを意味する．旧式の火力発電所を天然ガスコンバインドサイクルへ転換することが行われている．

第 1 の熱サイクルがガスタービンサイクルの場合の燃料は天然ガスであるが，これに石炭を用いることができれば可採年数が多い分有利であり，かつ従来の石炭火力発電より高効率である．そこで石炭を先ずガス化して H_2 と CO を発生させ，これを燃焼させることによりガスタービンを駆動する方式を石炭ガス化複合発電（IGCC）とよび，各国で試験プラントが稼動（一部で営業運転）している．なお，将来的には CO_2 分離回収が併用される．

9.1.3 ● 原子力発電の役割

2010 年において，原子力発電は全国総発電量の 31%程度を占め，地域によっては 40%を超えるところもある．原子力発電は，発電所あたりの出力が大きくとれ，定格で運転している場合は最も発電コストが低い．また，発電にともなう CO_2 の排出もない．

一方，使用済み核燃料の再処理後の廃棄物は，高レベル放射性廃棄物として長期間にわたり高い放射性をもつので，その処分が問題である．さらに，現在は軽水炉で ^{235}U を燃焼させているが，使用済み燃料の中に副産物として ^{239}Pu が含まれる．再処理による分離回収で，核兵器の原料とみなされる ^{239}Pu が蓄積保有されていくことは好ましくない．すでに，英仏に委託した再処理により 30 t 程度の Pu が存在する．国内の再処理工場が本格稼動すると約 5 t/年の Pu が回収される．

このような中でわが国の原子力政策は，U と Pu を混合した MOX 燃料を軽水炉で燃焼させ（プルサーマル），Pu を消費しつつ国内の核燃料サイクルを確立し，近い将来に高速増殖炉の商用稼動を実現する，というものである．U 原料の地域偏在性は少ないものの，2003 年以降その価格が上昇しており，燃料転換率の高い原子炉は U 燃料の海外依存を緩和できる．最も重要な点は，全発電に占める原子力発電の割合を増やしていけば，CO_2 の排出を減少させることができ，第 1 章で述べた地球温暖化防止のための CO_2 削減に資する点である．

プルサーマルでは，年間 6 t 程度の Pu を消費することが期待されている．軽水炉で Pu を部分的に燃料として使用する場合，制御棒の反応度制御効果が減少する，即発中性子の寿命が短くなり遅発中性子の割合が低下する，などの変化が起きる．従来の U 燃料でも燃焼が進行すると Pu を含むようになり，その影響は十分配慮されているので，これらの特性変化に適切に対応した制御は比較的容易であるとされている．このようにして Pu を約 10% 含む MOX 燃料を 15 機程度の軽水炉で使用する計画である．

しかし，上記政策に関しては，2011年の東京電力福島第一原子力発電所事故[†]や他の要因により，研究中の高速増殖原型炉の廃炉も含めた見直しが進められている．

9.2 分散型電源とコージェネレーション

9.2.1 分散型電源とその制御

太陽光発電，風力発電，マイクロ水力発電など再生可能エネルギーによる発電設備やマイクロガスタービン発電，燃料電池発電などの発電設備は，火力発電や原子力発電設備に比べて非常に小規模であるが，設置や運用が格段に簡単であるため，需要家のすぐ近く（オンサイト）で運用できる．このような小型発電設備を分散型電源という．

分散型電源は化石燃料を使用しないものがほとんどであり，運用時に温室効果ガスをほとんど排出せずクリーンであり，需要家に近接しているため送電にともなう損失が非常に小さい．さらに，分散型電源は局所的な電力需要を賄うとともに，電力系統へ接続して余剰電力を逆潮流として送出することも可能になる．

一方で，分散型電源は出力電力が自然条件に左右されて不安定であることや，系統に接続した場合，系統の周波数，電圧，安定度に悪影響をおよぼすことが懸念されている．そのため，発電設備と電力貯蔵設備を組み合わせて動作させることで，常に一定の電力を発生できるような工夫がなされている．以下にその例を示す．

図 9.3 は風力発電機のグループと電力貯蔵用の電池を組み合わせた場合である．風力発電出力は数十分のオーダーで出力電力が 0 から 100%超えの間を変動することも珍しくない．これを平準化して系統に接続できるように，図 9.3 ではニッケル水素電池やリチウムイオン電池を併設し，ローターに直結した同期発電機の動作状態をセン

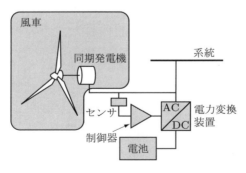

図 9.3 風力発電における平準化

[†] p.66 参照．

サでモニタする．それにより電池からの放電が必要か充電が可能かなどを判断し，制御器を通して電力変換装置の動作を制御する．これによって出力電力の平準化を実現する．

太陽光発電においても，日照の変化により出力は相当変動する．電池を用いた出力平準化は太陽光発電設備でもよく用いられている．

また，燃料電池発電は，戸別や数戸から数十戸の集合住宅への適用が考えられており，都市ガスを改質して得た水素により燃料電池を動かし，発電するとともにその発熱により給湯を賄うコージェネレーションを行う．この場合，燃料電池は負荷の増減に合わせた動作の停止・再起動などが頻繁には行えないため，電池などのエネルギー貯蔵装置を用いて，実負荷に対応した充電・放電を行って燃料電池からみた負荷の平準化を行う．

9.2.2 ■ コージェネレーション

前項で述べたように，コージェネレーションとは電力と熱を同時に供給するもので，熱電併給と訳されている．家庭や小規模業務用のコージェネレーションシステムとしては，固体高分子形燃料電池 (PEFC) によるもの，ガスエンジンによるもの，およびガスタービンによるものなどがある．

PEFCによるものは，すでに第4章で述べたように，都市ガス（天然ガス）から改質器により水素を製造して動作し，その廃熱で給湯をまかなうものである．ガスエンジンとは，ガソリンではなく天然ガスを燃焼させる発動機で，その回転力で発電機を動作させ，廃熱を給湯に用いる．図9.4にその例を示す．ガスタービンは2.2節で述べたような構成であり，やはり廃熱を利用する．

図9.4　ガスエンジン式コージェネレーション（(株)きんでん提供）

9.3 ヒートポンプ

ヒートポンプ (heat pump) とは，動力（仕事 W）を使って低温熱源 T_2 から熱量を高温熱源 T_1 へ汲み上げるもので，2.2 節で述べた汽力発電のサイクルと逆の動作をするものである．今，カルノーサイクルのような理想熱機関を考えると，仕事 W により汲み上げられる熱量 Q_i は，

$$\frac{Q_i}{W} = \frac{T_i}{T_1 - T_2} \tag{9.1}$$

で与えられる．ここで，i は着目する熱源を表し，冷房なら $i=2$ とおいて低温熱源から運び去られる熱量 Q_2 を，暖房なら $i=1$ とおいて，高温熱源へ運び込まれる熱量 Q_1 を求める．

冷房の場合，たとえば，温度 $T_2 = 295\,\mathrm{K}$ の室内から熱を $T_1 = 310\,\mathrm{K}$ の屋外へ運ぶとすると，$Q_2/W = 295/(310 - 295) = 19.7$ となり，少ない仕事で多くの熱量を運び出すことができる．

暖房の場合は，温度 $T_2 = 280\,\mathrm{K}$ の屋外から熱を $T_1 = 300\,\mathrm{K}$ の室内へ運ぶとすると，$Q_1/W = 300/(300 - 280) = 15$ となって，やはり高い効率をもつ．図 9.5 に冷房と暖房の場合のヒートポンプの働きを示す．

Q_i/W は COP (coefficient of performance) とよばれ，実用的には，$3 \sim 5$ の値をとる．

ヒートポンプはなぜ効率が高いのか考えてみよう．熱容量が C の物質を温度 T_2 から T_1 へ上昇させるために必要な熱量は，$C(T_1 - T_2)$ である．通常はこの熱量を電熱器などの仕事として供給することになる．ヒートポンプの場合は，理想的熱機関と仮定すると，物質の温度を dT だけ上げるために必要な仕事 $d'W$ は，(9.1) 式より，

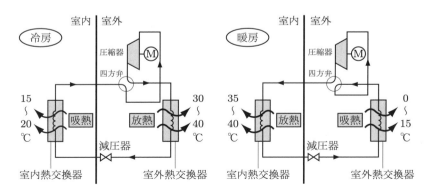

図 9.5　ヒートポンプによる冷房と暖房

$$d'W = \frac{T - T_2}{T} dQ_1 = \frac{T - T_2}{T} C\, dT$$

であるから，T_1 まで温度を上げるためには，

$$W = \int_{T_2}^{T_1} \frac{T - T_2}{T} C\, dT = C(T_1 - T_2) - CT_2 \ln \frac{T_1}{T_2}$$

の仕事が必要である．これは電熱器と比べて右辺第 2 項の分だけ小さく，効率が高いことを意味する．

このヒートポンプを空気調和だけでなく，高効率な熱源として利用する給湯器が商品化されている．これは，冷媒として CO_2 を使用したヒートポンプで，外気の熱を取り込み，90°C 程度に加熱されて水と熱交換を行う．熱を奪われた冷媒は膨張して低温になり再び外気から熱を取り込む．

9.4 次世代自動車と電車

化石燃料を燃焼させて温室効果ガスを排出する要因となるものの一つに自動車がある．わが国の自動車保有台数は約 8,000 万台であり，排気ガスに対する規制により SO_X や NO_X の排出はかなり抑制されているが，CO_2 の排出量は 1999 年には 2.5 億トン超で，1990 年に対して 24%増であった．これを克服するために，ハイブリッドカー，電気自動車，水素エンジン車などの開発・普及が進み，2014 年にはハイブリッドカーは約 400 万台，電気自動車は約 4 万台を保有している．同時に CO_2 の排出量は 2.2 億トンを下回る（対 1990 年 5.2%増）までに減少している．

9.4.1 次世代自動車

ハイブリッドカーは，ガソリンエンジンと電気モーターを動力としてもち，必要なところだけガソリンエンジンを使うことで，CO_2 の排出を押さえるようにしたものである．また，エンジンの高効率領域のみが利用可能（一般に低速運転時はエンジンの効率は高くない）となるため燃費がよく，モーター併用時には動力性能を改善する効果も期待できる．さらに，減速時に回生ブレーキを利用して電池（ニッケル水素電池，リチウムイオン電池など）にエネルギーを回収できる．

電気自動車は動力として電気モーターのみを装備し，電源として燃料電池，電池，あるいはキャパシタにより電力を供給するものである．次世代の電池式自動車（バッテリーカー）やハイブリッドカーにおいては，充電設備として，公共の場に設置される急速充電設備の他に，家庭用コンセントも利用される．2012 年までに両者合わせて 5,000 件以上が設置され，普及が進んでいる．ただし，充電のための電源が化石燃料

を使う発電所からのものである場合は，CO_2 を排出することに変わりはない．

　水素を用いる燃料電池自動車では，4.1 節で述べたように，高圧充填の水素燃料タンクをもつ．1 回の充填による航続距離が 750 km に及ぶものも開発されている．これは，まったく CO_2 を排出せず環境保全性の高い自動車である．図 9.6 に燃料電池自動車の概略構造図を示す．このタイプの自動車が普及するためには，価格の適正化とともにガソリンスタンドに替わる水素ステーションがインフラとして広く全国に配備される必要がある．

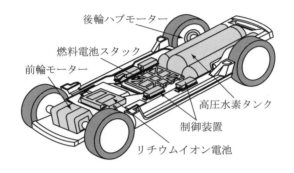

図 9.6　燃料電池自動車

　水素エンジン車は，ガソリンエンジンと同様のエンジンで，ガソリンに替えて水素を燃焼させ動力とするものである．水素はガソリンに比べ圧縮比を高くとれないので出力が小さくなる．燃料としてガソリンと水素を切り替えられるようにしたものもある．

9.4.2 　新型電車

　自動車と比べて，電車はもともと CO_2 の排出が少なく，効率の高い交通機関であるが，より一層の改良の例として，燃料電池ハイブリッド車両がある．これは，図 9.7 に示すように，電気自動車と同じ構成をもつもので，高圧水素タンクからの水素で動作

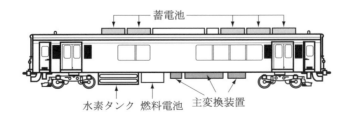

図 9.7　ハイブリッド電車（JR 東日本の資料をもとに作成）

する燃料電池を電源として，モーターで車輪を駆動する．ブレーキ時などのモーターからの回生電力や定速運転時の燃料電池からの余剰電力を蓄電池に貯蔵して，加速時などの大電力が必要な場合に備える．

　鉄道において，車両の車輪をなくし，電磁力によってトラックから車両を浮上させた上で，鉄道用リニアモーター（通常の電動機の固定子と回転子を引き伸ばして直線状にし，固定子をトラック側に，回転子を車両側に配置したもの）を用いて推進するものを磁気浮上列車という．従来の車輪とレール間の摩擦がないため高速走行時の抵抗が少なく，効率が上がるとともに最高速度を高くできる．浮上用や推進用の電磁力は，永久磁石や電磁石によって発生させており，電磁石に常電導を用いるものは，すでに日本や中国で営業運転を行っている．中国では，2004 年から上海トランスラピッドが上海国際空港線で最高時速 430 km/h の営業運転中である．

　磁気浮上列車の電磁石に超電導線を用いる方式が日本のマグレブであり，山梨県の実験線で 2003 年に最高速度 581 km/h を記録し，2027 年からの営業運転を目指している．実験車両の外観を図 9.8（a）に示す．

（a）MLX-01型車両

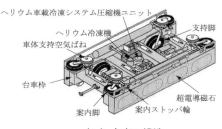
（b）台車の構造

図 9.8　超電導磁気浮上列車（出典：(財)鉄道総合技術研究所 HP）

　車両の台車は従来のモーターと車輪からなるものとは異なり，図 9.8（b）のようにトラックの左右の壁と向き合う位置に超電導電磁石が取り付けられており，それを冷却するヘリウム冷凍機が中央部に設置されている．トラックの側壁には浮上用コイルと推進用コイルが取り付けられている．車両が高速で移動すると，超電導電磁石による磁束が浮上用コイルを切るため，電流が流れて電磁力を発生し車両を浮上させる．一方，推進用コイルには電源により三相交流電流を流して移動磁界を作り，車両の超電導電磁石との間でリニアモーターを形成して車両を走行させる．

9.5　スマートグリッド，スマートコミュニティ

　9.2節で述べた分散型電源は，CO_2排出削減要請や省エネルギー意識などにより，今後大幅に増加する傾向にある．そうなると電力需要地において小型の発電設備が数多く設置され，それらが各所で配電線に接続されることになるため，これまでの大規模発電所から需要家に向けての単方向の電力の流れが一変して双方向の流れを作り，従来型の電気エネルギーシステムでは様々な問題が生じてくる．これを解決し，さらには電力利用の効率を一層高めるために，情報通信ネットワークを利用した情報伝達によって双方向の電力の流れをリアルタイムに制御し，最適な需給バランスを保つシステムが考えられている．ある範囲の地域に対してこれを実現する送配電網をスマートグリッドと呼んでいる．スマートグリッドでは，家庭を含む各需要家にこれまでの電力量計に代えてスマートメータを置き，時々刻々の消費／発電電力をモニター情報として送信するとともに，需要家内でも表示して省電力につながる行動を促すことが期待されている．また，9.4.1項で述べた次世代自動車は充電池を装備しているためスマートグリッドに接続された電力貯蔵装置となり，多数台を総合的に制御すれば，専用の電力貯蔵装置と同様に分散電源の不安定性を補う役割を持たせることができる．

　スマートグリッドは電力網の先進的形態であるが，それのみならず9.2.2項のコージェネレーションにより得られる熱エネルギーの需給システム，電気自動車のための充電ステーション，9.4.2項の新型電車を含む地域交通システム，大型施設やビルの管理運営システムなどを合わせた地域社会システムを一括して情報通信ネットワークにより制御することを目指したものがスマートコミュニティである．国内4ヵ所で実証実験が行われた他，海外での活動なども行われている．

演習問題　9

1. コンバインドサイクルを用いる火力発電所は，用いない場合に比べてどのような利点をもつか．
2. ヒートポンプの原理を述べよ．
3. 図9.6の電気自動車の動作を説明せよ．

引用・参考文献

International Energy Agency ホームページ：「World energy outlook」，
　http://www.iea.org/index.asp．
赤崎正則，原雅則：「電気エネルギー工学」，朝倉書店，1986 年．
内山洋司他：「電力貯蔵技術の動向と展望」，電気評論，pp. 7-48，2006 年 12 月．
江間 敏，甲斐隆章：「電力工学」，コロナ社，2003 年．
桂井 誠：「基礎エネルギー工学」，数理工学社，2002 年．
小玉博一 他：シャープ技報 70 号，pp. 49-53，1998 年．
(財)鉄道総合技術研究所ホームページ：「超伝導リニア MAGLEV」，
　http://www.rtri.or.jp/rd/openpublic/rd77/yamanashi/maglev_frame_J.htm
資源エネルギー庁：「エネルギー 2004，エネルギーフォーラム」，2004 年．
資源エネルギー庁ホームページ：「エネルギー白書 2007」，
　http://www.enecho.meti.go.jp/topics/hakusho/2007/index.htm．
高橋寛，福田務，相原良典，大島輝夫，「絵ときでわかる電気エネルギー」，オーム社，2005 年．
田中治邦：「プルサーマル実施に向けての取り組み」，電気評論，pp. 28-31，2006 年 9 月．
中部電力(株)ホームページ：「水力発電のしくみ」，
　http://www.chuden.co.jp/torikumi/water/shikumi/index.html．
東京電力(株)：「数表でみる東京電力 平成 19 年度」，
　http://www.tepco.co.jp/company/corp-com/annai/shiryou/suuhyou/index-j.html．
野元克彦 他：シャープ技報 70 号，pp. 40-43，1998 年．
原雅則：「電気エネルギー工学通論」，オーム社，2003 年．
古澤邦夫：「火力発電技術の進歩と将来展望」，電気評論，pp. 27-35，2006 年 8 月．
増田正美，岩本雅民，新冨孝和：「超伝導エネルギー工学」，オーム社，1992 年．
松浦虔士：「電気エネルギー伝送工学」，オーム社，1999 年．
道上 勉：「発電・変電」，2 版，電気学会，2000 年．
柳父 悟，西川尚男：「エネルギー変換工学」，東京電機大学出版局，2004 年．

演習問題解答

演習問題 1

1 大型ジェット機の重量が 400 t，高度 1 万 m での巡航速度を 900 km/h とする．位置エネルギーは

$$mgH = 400 \times 10^3 \times 9.8 \times 10^4 = 3.9 \times 10^{10} \text{ J}$$

運動エネルギーは

$$\frac{1}{2}mv^2 = \frac{1}{2} \times 400 \times 10^3 \times \left(\frac{900 \times 10^3}{3,600}\right)^2 = 1.25 \times 10^{10} \text{ J}$$

となり，約 51 GJ である．

2 簡単のために等加速度運動と仮定して，

$$v = \alpha t, \quad x = \frac{1}{2}\alpha t^2$$

より，$100 = 0.5 \times \alpha \times 10^2$ であるから，$\alpha = 2 \text{ m/s}^2$ となる（これではゴール時には $v = 72 \text{ km/h}$ となり不自然ではあるが，無視する）．平均パワーは，次のようになる．

$$P = \frac{1}{T}\int_0^T Fv\,dt = \frac{1}{T}\int_0^T m\alpha \cdot \alpha t\,dt = \frac{1}{2}m\alpha^2 T = 10^3 \text{ W}$$

3 メタンハイドレートは化学式が $CH_4 \cdot 5.75\,H_2O$ と表され，かご状に結びついた数個の水分子の中心にメタン分子が包み込まれているものであり，深海などの低温・高圧下に存在する．メタンハイドレート $1\,\text{m}^3$ の中には，メタンがガスにして $170\,\text{m}^3$ が含まれており資源として価値の高いものとされている．また，日本近海の埋蔵量も多いと期待されている．

4 図 1.5（a）では電流の向きと逆方向に電子が導線に沿って動いており，その速度を $\boldsymbol{u}$ とすると，電子 1 個が受けるローレンツ力は，

$$\boldsymbol{f}_e = -e(\boldsymbol{u} \times \boldsymbol{B}) \tag{A}$$

である．ここで，e は素電荷である．$-e\boldsymbol{u}$ が電流の方向であるから，方向については，(A) 式と (1.2) 式は一致する．大きさを考えるために，導線の断面積を S とし，導線の中の電流に預かる電子の密度を n とする．導線中の電子の数は nSl であるから，全体でのローレンツ力の大きさは $f_E = enSluB$ となる．ここで，電流 i は導線の中を動く単位時間あたりの電荷量であるから，$i = dQ/dt = (d/dt)enSx = enS\,dx/dt = enSu$ が成り立つ．これを用いると，$f_E = ilB$ となって (1.1) 式に一致する．

一方，図 1.5（b）では，導線中の電子が速度 v で運動することにより $-e(v \times B)$ のローレンツ力を受け，導線に沿って図では手前に移動する．このため図に示される方向に起電力が発生するわけである．

演習問題 2

1 開きょの損失落差は $4{,}000 \times \dfrac{1}{1{,}000} = 4\,\mathrm{m}$

であるので，有効落差は，$700 - 400 - 4 - 3 = 293\,\mathrm{m}$ となる．よって，出力は，

$$P_\mathrm{G} = gQH\eta_\mathrm{W}\eta_\mathrm{G} = 9.8 \times 50 \times 293 \times 0.88 \times 0.98 \simeq 1.24 \times 10^5\,\mathrm{kW} = 124\,\mathrm{MW}$$

となる．

2
$$N_\mathrm{S} \leq \frac{20{,}000}{256+20} + 30 = 102.5$$

$$N = \frac{N_\mathrm{S} H^{\frac{5}{4}}}{P^{\frac{1}{2}}} = \frac{N_\mathrm{S} 256^{\frac{5}{4}}}{10{,}000^{\frac{1}{2}}} \leq \frac{102.5 \cdot 256 \cdot 4}{10^2}$$
$$= 1{,}049.6$$

よって，　$N \leq 1{,}049.6$ \hfill (i)

発電機の極対数を p とすると

$$N = \frac{60f}{p} = \frac{3{,}600}{p} \tag{ii}$$

(i) と (ii) を同時に満たす最大の N，$N = 3{,}600/4 = 900\,\mathrm{rpm}$ が発電機の回転速度となる．

3

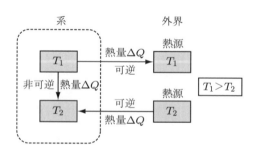

解図 2.1　熱の移動とエントロピー変化

解図 2.1 において，ある系内で高温の物体 T_1 から低温の物体 T_2 に熱量 ΔQ が移動したとする．このときの系のエントロピー変化を求めるために，外界にそれぞれ同じ温度 T_1，T_2 の熱源を用意する．そして，系の高温物体から可逆過程により外界の高温熱源へ熱量 ΔQ を移し，次に外界の低温熱源から系内の低温物体へ可逆過程により同じ熱量 ΔQ を移したとする．無限小の温度差をもつものの間での熱量の移動であるから可逆過程である．この二つの可逆過程の結果は，最初に仮定した系内での熱量の移動と同じ結果をもたらすので

両者は等価である．

さて，この等価な過程のエントロピー変化は，$\Delta S = \dfrac{\Delta Q}{T_2} - \dfrac{\Delta Q}{T_1}$ である．ここで，$T_1 > T_2$ であるから，$\Delta S > 0$ となり，エントロピーは増大している．すなわち，経験的に観測される高温物体から低温物体への熱量の移動はエントロピー増大の法則を満たしている．逆に，低温物体から高温物体への熱量の移動が自然に起こったとすると，それはエントロピー増大の法則をやぶることになる．よって，クラジウスの原理とエントロピー増大の法則は等価である．このように，高温側から低温側への熱量の移動は非可逆過程であり，エントロピーは増大する．両者の温度の差が無限小のときのみエントロピーの変化は 0 である．

4

(a)
$$dU = d'Q - P\,dV$$
$$dU = \left(\frac{\partial U}{\partial T}\right)_V dT + \left(\frac{\partial U}{\partial V}\right)_T dV$$

の 2 式より，
$$d'Q = \left(\frac{\partial U}{\partial T}\right)_V dT + \left(\frac{\partial U}{\partial V}\right)_T dV + P\,dV$$

となる．比熱は，単位温度変化を与える熱量であるから
$$C_x = \frac{d'Q}{dT} = \left(\frac{\partial U}{\partial T}\right)_V + \left\{\left(\frac{\partial U}{\partial V}\right)_T + P\right\}\left(\frac{\partial V}{\partial T}\right)_x$$

となる．ここで，$x = V, P$ とすると，定積比熱 C_V，定圧比熱 C_P になる．よって，
$$C_P - C_V = \left\{\left(\frac{\partial U}{\partial V}\right)_T + P\right\} \times \left(\frac{\partial V}{\partial T}\right)_P$$

となる．ジュール-トムソンの法則より，$\left(\dfrac{\partial U}{\partial V}\right)_{T=\text{const.}} = 0$ であるから，次の式が得られる．
$$C_P - C_V = P \times \left(\frac{\partial V}{\partial T}\right)_P = P\frac{d}{dT}\left(\frac{RT}{P}\right) = R$$

(b) 断熱変化では $d'Q = 0$ である．また，(2.35) 式から，$dU = C_V\,dT$ が成り立つ．よって熱力学第 1 法則より，
$$C_V\,dT + P\,dV = 0$$

である．また，$PV = RT$ より，
$$V\,dP + P\,dV = R\,dT$$

である．これらの 2 式より，
$$C_V(V\,dP + P\,dV) + RP\,dV = 0$$
$$(C_V + R)P\,dV + C_V V\,dP = 0$$

となるが，$C_P - C_V = R$ を用いると，
$$C_P\frac{dV}{V} + C_V\frac{dP}{P} = 0$$

$$\gamma \ln V + \ln P = \text{const.}$$
$$\therefore \quad PV^\gamma = \text{const.}$$

となって，断熱変化の式が得られる．

5 解表 2.1 に示す通りである．

解表 2.1　蒸気タービンの分類

分類	特徴	備考
復水タービン	復水器の圧力を低くし，タービン内で蒸気を十分膨張させる	
再生タービン	タービンの途中から膨張中の蒸気を一部取り出し給水加熱に用いる	再生サイクル用
再熱タービン	タービンの途中から膨張中の蒸気を一部取り出し，ボイラで再加熱してタービンに戻す	再熱サイクル用
混圧タービン	異なる圧力の蒸気を同時に入力できる	
背圧タービン	タービンの排気蒸気を他の用途に用いる	

6

(a) (2.48) 式を G_f について解き，数値を代入して，

$$G_\mathrm{f} = \frac{1{,}000 \times 10^3 \times 3{,}600}{44{,}000 \times 0.41} \simeq 199.6 \times 10^3 \,\mathrm{kg/h}$$

すなわち 200 t/h である．

(b) 例題 2.8 を参照して計算すると，

$$200\,\mathrm{t/h} \times 24\,\mathrm{h} \times \frac{85}{100} \times \frac{44}{12} \simeq 1.50 \times 10^4\,\mathrm{t}，\text{すなわち } 1.5\,\text{万 t である．}$$

7

(1) $\Delta S = \dfrac{\Delta Q}{T} = \dfrac{2.25 \times 10^6}{100 + 273} \simeq 6.0 \times 10^3 \,\mathrm{J/(kg \cdot K)}$

(2) 水蒸気 1 kg の体積は，$V_\mathrm{p} = \dfrac{1}{0.6} = 1.67\,\mathrm{m}^3$ である．

$$W = \int p\,dV \simeq PV_\mathrm{p} = 1{,}013 \times 10^2 \times 1.67 \simeq 1.7 \times 10^5\,\mathrm{J}\,\text{であるから，}$$

割合は，$\dfrac{1.7 \times 10^5}{2.25 \times 10^6} \simeq 0.075$　すなわち，7.5%

8

(a) タービンの熱消費量が $8{,}000\,\mathrm{kJ/(kW \cdot h)}$ ということは，1 kWh，すなわち 3,600 kJ の発電のために 8,000 kJ 消費することになる．差の 4,400 kJ は復水器に送られ，海水により排出される．復水器が持ち去る熱量は，

$$Q = (8{,}000 - 3{,}600)\,\mathrm{kJ/(kW \cdot h)} \times 700 \times 10^3\,\mathrm{kW} \simeq 3.1 \times 10^9\,\mathrm{kJ/h}$$

(b) 復水器の冷却水の温度上昇 ΔT [K] は，$\Delta T = Q/C\rho V$ である．1 s あたりで考えて，

$$\Delta T = \frac{Q/3{,}600}{C\rho V} = \frac{3.1 \times 10^9/3{,}600}{4.0 \times 1.1 \times 10^3 \times 30} \simeq 6.5\,\mathrm{K} \text{ となる．}$$

答え (a)–(4), (b)–(2)

9 5 g のウラン 235 の核分裂エネルギー E [J] は，質量欠損を 0.09%，光の速度を $c = 3 \times 10^8$ m/s とすると，アインシュタインの関係式から，

$$E = \Delta m c^2 = 5 \times 10^{-3} \times 0.09 \times 10^{-2} \times (3 \times 10^8)^2 = 4.05 \times 10^{11}\,\mathrm{J}$$

となる．このうち 30% が電力量として使えるので，使用できるエネルギーは，

$$W = 4.05 \times 10^{11} \times 0.3 = 1.215 \times 10^{11}\,\mathrm{J}$$

である．一方，揚程 200 m，体積 V [m^3] の水を揚水するために必要なエネルギーは，

$$\rho V g H = 9.8 \times 10^3 \times 200 V \text{ [J]}$$

である．ここで，$\rho = 10^3$ kg/m^3 は水の密度である．総合効率 $\eta = 0.84$ を考慮すると，$\eta W = \rho V g H$ より，

$$V = \frac{0.84 \times 1.215 \times 10^{11}}{9.8 \times 10^3 \times 200} = 5.20 \times 10^4\,\mathrm{m}^3$$

となる．よって，答えは (3) である．

10 減速材の減速能力は，中性子の散乱衝突のマクロ断面積と 1 回の衝突あたりのエネルギー対数減衰率の積，$N\sigma_\mathrm{S}\xi$，で与えられる．これを減速能という．また，衝突によって散乱されるのではなく原子核に吸収されてしまうと中性子が失われてしまう．そこで，吸収断面積 (σ_a) の小ささも考慮して，$N\sigma_\mathrm{S}\xi/(N\sigma_\mathrm{a})$ を減速比といい，この値も考慮する．

解表 2.2 減速材の減速能と減速比

減速材	減速能 [cm^{-1}]	減速比
H$_2$O（軽水）	1.53	72
D$_2$O（重水）	0.37	12,000
He	1.6×10^{-5}	83
Be	0.16	150
C（黒鉛）	0.063	170

解表 2.2 は一般的な減速材の減速能と減速比を与えている．通常の原子炉では，減速材として H$_2$O が採用されている．D$_2$O は減速能はそれほど大きくないが，減速比が非常に大きく，これを減速材として用いる場合もある．

11 2.3 節を参照して，1–ニ，2–ヌ，3–ル，4–ホ，5–ヘ となる．

12 最大効率を生ずるのは銅損と鉄損が等しいときであり，その値は (2.88) 式に示されている．定格容量を P_N とおくと，$V_2' I_2' = \frac{1}{2} P_\mathrm{N}$，$\cos\phi = 1$ であるから，

である．これが 0.985 であることから P_i を求めると $3.8 \times 10^2\,\text{W}$ を得る．

$$\eta_\text{max} = \frac{\dfrac{1}{2}P_\text{N}}{\dfrac{1}{2}P_\text{N} + 2P_\text{i}}$$

演習問題 3

1 開放電圧は，
$$V_0 = \frac{k_\text{B}T}{e}\ln\left(1 + \frac{I_\text{s}}{I_0}\right)$$
で与えられるから，数値を代入すると，次のようになる．
$$V_0 = \frac{1.38 \times 10^{-23} \times 298}{1.6 \times 10^{-19}}\ln\left(1 + \frac{50}{2 \times 10^{-10}}\right) = 0.67\,\text{V}$$

2 直径 $80\,\text{m}$ の領域での風速 $15\,\text{m/s}$ の風のパワーは，
$$P = \frac{1}{2}\rho A v^3 = \frac{1}{2} \times 1.23 \times \pi \times 40^2 \times 15^3 = 1.0 \times 10^7\,\text{W}$$
である．周速比が 6 のときの 2 枚羽根風車のローター効率は約 35% である．
したがって，風車の出力は，$3.5\,\text{MW}$ となる．

3 波の振幅を h，波長を λ とすると，正の振幅部分の質量は，単位長さ（幅）あたり，
$$M = \int_0^{\frac{\lambda}{2}} \rho h \sin 2\pi \frac{x}{\lambda}\, dx = \frac{\rho h \lambda}{\pi}$$
である．また，その部分の重心の位置は，$y = \dfrac{\pi}{8}h$ である．M が重心に集中していると考えると，それが周期 T で $2y$ 動くから，波の単位長さあたりのパワーは，次のようになる．
$$P = \frac{Mg \cdot 2y}{T} = \frac{\rho h \lambda}{\pi}\frac{2}{T}\frac{\pi}{8}h = \frac{\rho g h^2 \lambda}{4T}$$

4 一般に，2 種の金属の接合点の片方を温度 T_1，もう片方の接合点を T_2 に保つと，両金属間に $|T_1 - T_2|$ にほぼ比例した起電力が生じる．これをゼーベック (Seebeck) 効果という．半導体と金属の接合の場合，温度勾配によるキャリアの熱拡散と，それが作るイオン密度の差による電界によるキャリアの移動がつり合って決まる起電力が生じる．p 型と金属の場合は高温部が負に，n 型と金属の場合は高温部が正になる．これらを交互に直列につなぎ，発生電圧を高めて発電するものが熱電発電である．

5 草木などを酸素を加えながら高温高圧にしてガス化すると，H_2，CO_2，CO などが発生する．メタノールは CH_3OH であり，H_2 と CO を $2:1$ にして合成されるので，ガス化条件を調整して合成に適した組成比にする．

演習問題 4

1 ファラデー定数を確かめると，

$$F = 96,500\,\text{C/mol} = \frac{96,500\,\text{A}\cdot\text{s/mol}}{3,600\,\text{s}} \simeq 27\,\text{A}\cdot\text{h/mol}$$

となる．電気分解によって，酸素分子 1 mol について電子 4 mol が対応する．題意より，電子の mol 数は，$2.7\,\text{kA}\cdot\text{h} \div 27\,\text{A}\cdot\text{h/mol} = 100\,\text{mol}$ である．よって酸素の質量 W は，

$$W = 32 \times 10^{-3} \times \frac{100}{4} = 0.8\,\text{kg} \quad \text{である．}$$

2 SOFC は，電解質にイットリア安定化ジルコニアなどの固体酸化物を用い，その両側を多孔性電極板ではさみ，負電極側に燃料である水素や一酸化炭素，正電極側に酸素あるいは空気を流す．

燃料に水素を用いた場合は，

負電極　$H_2 + O^{2-} \to H_2O + 2e^-$

正電極　$\frac{1}{2}O_2 + 2e^- \to O^{2-}$

となり，これら二つの反応式を総合すると，次のようになる．

$$H_2 + \frac{1}{2}O_2 \to H_2O$$

燃料に CO を用いる場合は，

負電極　$CO + O^{2-} \to CO_2 + 2e^-$

正電極　$\frac{1}{2}O_2 + 2e^- \to O^{2-}$

となり，これら二つの反応式を総合すると，

$$CO + \frac{1}{2}O_2 \to CO_2$$

となる．H_2 と CO を同時に供給してもよい．動作温度が 1,000°C 付近と高温であるため，その熱エネルギーにより化学反応が進行するので触媒が不要である．

3 サイクロトロン角周波数は $\omega_c = eB/m$，ラーマー半径は $r_L = \dfrac{v_\perp}{\omega_c}$ で与えられる．

(a) $f_c \equiv \dfrac{\omega_c}{2\pi} = \dfrac{eB}{2\pi m_e} = \dfrac{1.602 \times 10^{-19} \times 5 \times 10^{-5}}{2\pi \times 9.109 \times 10^{-31}} \simeq 1.4 \times 10^6\,\text{Hz}$

速度は，$v_\perp^2 = \dfrac{2eW}{m_e} = \dfrac{2 \times 1.602 \times 10^{-19} \times 0.1}{9.109 \times 10^{-31}}$ より $v_\perp = 1.88 \times 10^5\,\text{m/s}$

よって，$r_L = \dfrac{v_\perp}{\omega_c} = \dfrac{1.88 \times 10^5}{2\pi \times 1.4 \times 10^6} = 2.1 \times 10^{-2}\,\text{m}$

(b) $f_c = \dfrac{eB}{2\pi m_p} = \dfrac{1.602 \times 10^{-19} \times 1 \times 10^{-9}}{2\pi \times 1.67 \times 10^{-27}} \simeq 1.5 \times 10^{-2}\,\text{Hz}$

よって，$r_{\rm L} = \dfrac{v_\perp}{\omega_{\rm c}} = \dfrac{1.0 \times 10^5}{2\pi \times 1.5 \times 10^{-2}} = 1.1 \times 10^6\,{\rm m}$

(c) D-T 反応による α 粒子のエネルギーは 3.5 MeV である．

$$f_{\rm c} = \frac{ZeB}{2\pi m_\alpha} = \frac{2 \times 1.602 \times 10^{-19} \times 8}{2\pi \times 4 \times 1.67 \times 10^{-27}} \simeq 6.1 \times 10^7\,{\rm Hz}$$

よって，$r_{\rm L} = \dfrac{v_\perp}{\omega_{\rm c}} = \dfrac{1.3 \times 10^7}{2\pi \times 6.1 \times 10^7} = 3.4 \times 10^{-2}\,{\rm m}$

4 電子の運動はサイクロトロン運動（ラーマー運動）と (4.25) 式の $\boldsymbol{E} \times \boldsymbol{B}$ ドリフトの重ね合わせになるから，

$$x = \frac{mE_0}{eB^2}(1 - \cos\omega_{\rm c} t), \quad y = \frac{mE_0}{eB^2}(\omega_{\rm c} t - \sin\omega_{\rm c} t)$$

5 ラーマー運動をしている荷電粒子は円電流を形成している．電流を I，円の面積を A とすると，その磁気モーメントの大きさは

$$\mu = IA = |q|\frac{\omega_{\rm c}}{2\pi} \cdot \pi r_{\rm L}{}^2 = \frac{1}{2}mv_\perp{}^2 \frac{1}{B} \equiv \frac{W_\perp}{B}$$

となり，方向も含めてベクトル表示すると

$$\boldsymbol{\mu} = -\frac{W_\perp}{B}\frac{\boldsymbol{B}}{B}$$

のように書ける．ここで $W_\perp$ は垂直方向の運動エネルギーである．外部磁場に対して逆向きであるのでこれは反磁性を表している．$\boldsymbol{\mu}$ は $\boldsymbol{B}$ が時間的，空間的にゆるやかに変化している場合でも一定の値を保つ．これを磁気モーメントの断熱不変性という．

6 解図 4.1 に示すような磁場強度分布 $B(z)$ をもつ磁場配位を磁気ミラーあるいはミラー磁場という．このような磁場は二つの円形コイルに同方向の電流を流すことによって作られる．

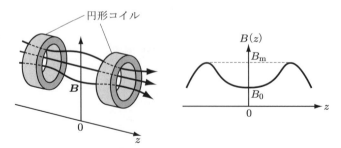

（a）円形コイルの配置と磁力線　　（b）磁場強度分布

解図 4.1　磁気ミラー

荷電粒子の速度と磁場 $\boldsymbol{B}$ のなす角（ピッチ角）を $\theta(z)$ とし，z 方向の中心 $z = 0$ において $\theta(0) = \theta_0$ とする．以後，添え字 0 は中心での値とする．荷電粒子の運動エネルギー $W = W_\perp + W_\parallel$ において，$W_\perp = W\sin^2\theta$ であり，また，$W_\perp = \mu B(z)$ である．した

がって，磁気モーメントの断熱不変性より，

$$\mu = \frac{W}{B_0}\sin^2\theta_0 \quad (z=0)$$
$$\mu = \frac{W}{B(z)}\sin^2\theta(z) \quad (z=z)$$
(i)

が成り立つので，

$$\sin^2\theta = \frac{B(z)}{B_0}\sin^2\theta_0 \tag{ii}$$

を得る．この式によると，荷電粒子が z 方向に進み B が大きくなると，右辺の値が大きくなるが，それは 1 を超えることはできない．つまり荷電粒子は

$$\frac{B(z)}{B_0}\sin^2\theta_0 \leq 1 \tag{iii}$$

の範囲にのみ存在可能で，これを磁気ミラーによる閉じ込めという．

これはまた，エネルギー保存則より，$W_{\parallel} = W_0 - \mu B \geq 0$ であるから，荷電粒子はある B の値以上の場所には行けず，その点で反射されることを示している．**解図 4.1** において，両端の最大磁場強度を B_m とすると，閉じ込められる粒子の最小の θ_0（ロスコーン角 θ_L）は

$$\sin^2\theta_\mathrm{L} = \frac{B_0}{B_\mathrm{m}} \equiv \frac{1}{R} \tag{iv}$$

で与えられる．R をミラー比とよぶ．

(iii) 式より，$B(z) \leq \dfrac{B_0}{\sin^2\theta_0}$ であるから，
$B(z) \leq \dfrac{0.5}{\sin^2 30°} = 2.0\,\mathrm{T}$，すなわち，0.5 T から 2.0 T の範囲を運動する．
また，$\sin^2\theta_\mathrm{L} = \dfrac{B_0}{B_\mathrm{m}} = 0.2$ から，ロスコーン角は $\theta_\mathrm{L} \simeq 26.6°$ である．

演習問題 5

1 レドックスフロー電池は，

$$\mathrm{Fe}^{3+} + \mathrm{Cr}^{2+} \rightleftarrows \mathrm{Fe}^{2+} + \mathrm{Cr}^{3+} \quad (\rightarrow 放電，\leftarrow 充電)$$

により動作するものである．電解液タンクに入れた Fe^{3+}，Fe^{2+} 溶液，および Cr^{2+}，Cr^{3+} 溶液を，それぞれ，電解槽の隔膜で仕切られた正極，負極側に供給して充放電を行う．バナジウム (V) の多価イオンを利用するものもある．還元 (REDuction) 反応と酸化 (OXidation) 反応を起こす物質を循環 (FLOW) させることから標記の名前がついている．電解槽と電解液タンクの容量比は任意に選ぶことができ，用途に応じた設計が可能といった特徴を有する．主として，夜間電力で充電し，昼間に放電することで電力ピークカットを行うことや，風力など自然エネルギーの発電電力変動を抑制するエネルギー貯蔵用途を目的として開発が進んでいる．

2 揚水発電は夜間電力を使って揚水し，昼間需要のピーク時に発電するものであり，需要の増減に即応して系統の周波数と電圧を一定に保つ．一方，夜間は原子力発電がほと

んどを占めており，発電量調整が行いにくい．揚水発電所のポンプ水車は揚水時には，電力を消費するが，ポンプの回転速度が一定であると消費電力は一定である．そこで，電動機を可変速として回転速度を変化させればそれに応じて消費電力を増減でき，夜間の周波数と電圧維持に使用できる．電動機の可変速化は，界磁巻線を三相とし，その供給電流の周波数を変化させることで行う．

3 鉄の密度を $7.9 \times 10^3 \, \mathrm{kg/m^3}$ とすると，円筒の長さは，

$$L = \frac{M}{\pi R^2 \rho} = \frac{25 \times 10^3}{3.14 \times 1^2 \times 7.9 \times 10^3} = 1.01 \, \mathrm{m}$$

慣性モーメントは，

$$I = \int \rho r^2 \, dV = \int_0^R \rho r^2 2\pi r L \, dr = \frac{\pi}{2} \rho L R^4 = 1.25 \times 10^4 \, \mathrm{kg \, m^2}$$

貯蔵エネルギーは，

$$W = \frac{1}{2} I \omega^2 = \frac{1}{2} \times 1.25 \times 10^4 \times \left(\frac{2\pi \times 2{,}000}{60}\right)^2 = 2.7 \times 10^8 \, \mathrm{J}$$

となるので，換算すると，75 kWh となる．

簡単のために円筒の形状と密度は一様としたが，慣性モーメントの式からわかるように，同じ全質量なら，半径の大きなところに質量が集中するほど I は大きい．そのため実際は，図 5.2（b）のような形状を採用する．

4 図 5.5 において，$G_1 \sim G_6$ は GTO のゲート電圧，I_d，V_d は SMES の電流，電圧である．解図 5.1（a）の上部にある V_p は制御位相 0 のときの系統相電圧，$G_1 \sim G_6$ は PWM 制御のためのゲート電圧，下部にある V_p は制御位相を π ずらしたときの系統相電

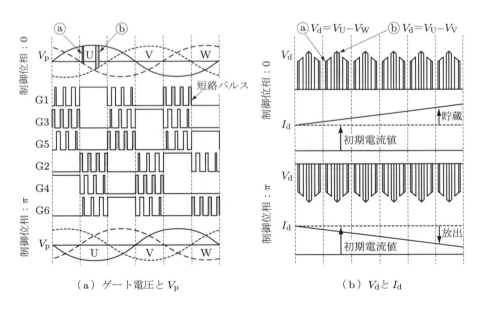

(a) ゲート電圧と V_p （b) V_d と I_d

解図 5.1 PWM 変換器の動作

圧である．**解図** 5.1（b）には，制御位相が 0 と π の場合の I_d, V_d を示している．

制御位相が 0 で時刻ⓐのとき，G_1 と G_6 が導通して $V_d = V_U - V_W$ となり，時刻ⓑのときは，G_1 と G_4 が導通し $V_d = V_U - V_V$ となって，常に V_d は正となる．このときゲートのパルス幅は，各相のスイッチングされた電流の平均値が正弦波になるように決められる．$V_d = L_s\, dI_d/dt$ であるから，**解図** 5.1（b）に示すように I_d はゆっくり増加し，系統からの電力は SMES に貯蔵される．PWM 制御のない期間に SMES 端子が開放されることがないように，適切に短絡パルスを与えて V_d を 0 にする．

SMES の貯蔵エネルギーを系統側に供給するには，制御位相を π ずらし，ゲート電圧と V_s の位相関係を**解図** 5.1（a）下部に示すようにする．このときの V_d は負になり，**解図** 5.1（b）に示すように I_d は減少していく．これは，SMES 貯蔵エネルギーが系統側へ放出されていることを表す．

演習問題 6

1　（ア）消弧装置，（イ）負荷電流

負荷動作時の経路切断ではアークが発生し，これを消す必要がある．このための設備は遮断器で，断路器にはこの機能がない．

2

(1) 「負荷側の電流」
変圧器は電圧を一定とする．
(2) 「直撃雷の侵入を防止」
避雷器には直撃雷の侵入を防止する機能はない．
(3) 「有効電力」
SVC が制御するのは無効電力である．

3　（ア）並列，（イ）進める，（ウ）遅らせる，（エ）界磁電流，（オ）半導体スイッチ

調相設備には，電力用コンデンサ（進相），分路リアクトル（遅相），同期調相機（進・遅相）のほか，電力用半導体を用いた SVC がある．

4　基準容量 P，線間電圧 V，電源側インピーダンス Z を用いて百分率インピーダンス $\%Z$ は $\%Z = 100ZP/V^2$ と表される．短絡電流 $I = V/\sqrt{3}Z$ の関係に注意すれば，$\%Z = 100P/\sqrt{3}\,VI$ となり，$P = 10 \cdot 10^6$ VA，$V = 33{,}000$ V，$I = 1{,}800$ A をそれぞれ代入して，$\%Z = 9.7\%$ を得る．

5　同じ容量基準による百分率インピーダンスを求めておく．B 変圧器について，A 変圧器の容量 (15 MVA) 基準の百分率インピーダンスを求めると，$\%Z_{B-A} = 4 \times 15/8 = 7.5\%$ となる．

(a) 並行運転の場合，電流はインピーダンスの逆比に比例するので，A 変圧器の分担負荷は，$12 \times 7.5/(5 + 7.5) = 7.2$ MVA となる．
(b) 最大負荷容量 P_M は，$P_M \times 7.5/12.5 \leq 15$ かつ $P_M \times 5/12.5 \leq 8$ を満たす必要がある．これらより，$P_M \leq 20$ MVA を得る．

6　(1)

SF_6 ガスは無臭である．

7 点 P からみた電源側の百分率インピーダンス $\%Z$ は，$25 + 5 + 10 = 40\%$ である．よって，基準容量 $P = 10{,}000\,\mathrm{kVA}$，線間電圧 $V = 33\,\mathrm{kV}$，短絡電流 I の関係 $\%Z = 100 P/\sqrt{3}\,VI$ に値を代入することにより，$I = 437\,\mathrm{A}$ を得る．

演習問題 7

1 線電流 I に対して，負荷電流は $I_\mathrm{L} = I/\sqrt{3}$ である．消費電力は $3I_\mathrm{L}^2 R$ であるので，
$$R = \frac{200 \times 10^3}{3(I/\sqrt{3})^2} = 500$$

（単位は Ω）となる．

線間電圧を負荷電流で除したものが負荷の大きさであるので，
$$\frac{10 \times 10^3}{I/\sqrt{3}} = \sqrt{R^2 + X^2}$$

となる．これより，
$$X^2 = (500\sqrt{3})^2 - R^2 = (500\sqrt{2})^2$$

である．よって，$X = 500\sqrt{2}\,\Omega$ となる．

2 三相の電力の式を用いて，線電流（I とする）を求める．
$$2{,}000 \times 10^3 = \sqrt{3} \times 20 \times 10^3 I \cos\phi$$

これより，$I = 100/0.9\sqrt{3}$（単位 A）を得る．3 線分の電力損失は，線路抵抗（R とする）を用いて，$3I^2 R$ で表されるので，
$$3 \times \left(\frac{100}{0.9\sqrt{3}}\right)^2 \times 8 = 98.8 \times 10^3$$

よって $98.8\,\mathrm{kW}$ を得る．

3 線路電流を I として，電圧降下の式から求める．線路のインピーダンスは，抵抗：$0.45 \times 5 = 2.25\,\Omega$，リアクタンス：$0.35 \times 5 = 1.75\,\Omega$ であることに注意する．
$$6{,}600 - 6{,}450 = \sqrt{3}\,I\left(2.25 \times 0.7 + 1.75 \times \sqrt{1 - 0.7^2}\right)$$

これより，$I = 30.7\,\mathrm{A}$ を得る．

A. 負荷電力は，
$$\sqrt{3} \times 6{,}450 \times 30.7 \times 0.7$$

で計算され，$240\,\mathrm{kW}$ を得る．

B. 線路損失が変わらないので，線路電流の大きさは同じである．負荷の力率の変化により，負荷の端子電圧（V_r とする）が変化する．
$$6{,}600 - V_\mathrm{r} = \sqrt{3}\,I\left(2.25 \times 0.8 + 1.75 \times \sqrt{1 - 0.8^2}\right)$$

これより，$V_\mathrm{r} = 6{,}448$ を得る．よって，この場合の負荷電力は，
$$\sqrt{3} \times 6{,}448 \times 30.7 \times 0.8$$

で計算され，274 kW を得る．

4 最初の負荷の有効，無効電力，力率をそれぞれ P_1, Q_1, $\cos\phi_1$ とすると，$\cos\phi_1 = 0.8$ のとき $\sin\phi_1 = 0.6$ であるので，

$$Q_1 = P_1 \frac{\sin\phi_1}{\cos\phi_1} = 400 \times \frac{0.6}{0.8} = 300$$

（単位は kVar）となる．同様に，新たな負荷の有効，無効電力，力率をそれぞれ P_2, Q_2, $\cos\phi_2$ とすると，

$$Q_2 = P_2 \frac{\sin\phi_2}{\cos\phi_2} = 60 \times \frac{0.8}{0.6} = 80$$

（単位は kVar）となる．

A. 合成有効電力 $P = P_1 + P_2 = 460\,\text{kW}$，および合成無効電力 $Q = Q_1 + Q_2 = 380\,\text{kVar}$ から，

$$\frac{460}{\sqrt{460^2 + 380^2}} = 0.77$$

を得る．

B. 変圧器の容量 $W = 500\,\text{kVA}$，コンデンサの設備容量を Q_C とすると，$P^2 + (Q - Q_C)^2 \leq W^2$ が条件となる．

$$Q_C = 380 - \sqrt{500^2 - 460^2} = 184$$

（単位は kVar）を得る．

5 発電機の基本式以外の条件式として，$\dot{V}_V = 0$, $\dot{V}_W = 0$, $\dot{I}_U = 0$ がある．
$\dot{V}_V = 0$, $\dot{V}_W = 0$ を，電圧の対称座標成分の定義式に代入すると，

$$\begin{bmatrix} \dot{V}_0 \\ \dot{V}_1 \\ \dot{V}_2 \end{bmatrix} = \frac{1}{3} \begin{bmatrix} 1 & 1 & 1 \\ 1 & a & a^2 \\ 1 & a^2 & a \end{bmatrix} \begin{bmatrix} \dot{V}_U \\ 0 \\ 0 \end{bmatrix} = \begin{bmatrix} \dfrac{\dot{V}_U}{3} \\ \dfrac{\dot{V}_U}{3} \\ \dfrac{\dot{V}_U}{3} \end{bmatrix} \tag{i}$$

が得られる．また，$\dot{I}_U = 0$ を対称座標系で表現した $\dot{I}_U = \dot{I}_0 + \dot{I}_1 + \dot{I}_2 = 0$ に発電機の基本式を代入すると，

$$-\frac{\dot{V}_0}{\dot{Z}_0} + \frac{\dot{E}_U - \dot{V}_1}{\dot{Z}_1} - \frac{\dot{V}_2}{\dot{Z}_2} = 0$$

が得られる．(i) 式を代入して，$\dot{V}_U$ について解くと，

$$\dot{V}_U = \frac{3\dot{Z}_0\dot{Z}_2}{\dot{Z}_0\dot{Z}_1 + \dot{Z}_1\dot{Z}_2 + \dot{Z}_2\dot{Z}_0}\dot{E}_U$$

となり，健全相電圧が得られた．これを (i) 式に戻せば，

$$\dot{V}_0 = \dot{V}_1 = \dot{V}_2 = \frac{\dot{Z}_0\dot{Z}_2}{\dot{Z}_0\dot{Z}_1 + \dot{Z}_1\dot{Z}_2 + \dot{Z}_2\dot{Z}_0}\dot{E}_U$$

であるので，これらを発電機の基本式に代入して整理すると，

$$\dot{I}_0 = -\frac{\dot{Z}_2}{\dot{Z}_0\dot{Z}_1 + \dot{Z}_1\dot{Z}_2 + \dot{Z}_2\dot{Z}_0}\dot{E}_U$$

$$\dot{I}_1 = \frac{\dot{Z}_0 + \dot{Z}_2}{\dot{Z}_0\dot{Z}_1 + \dot{Z}_1\dot{Z}_2 + \dot{Z}_2\dot{Z}_0}\dot{E}_U$$

$$\dot{I}_2 = -\frac{\dot{Z}_0}{\dot{Z}_0\dot{Z}_1 + \dot{Z}_1\dot{Z}_2 + \dot{Z}_2\dot{Z}_0}\dot{E}_U$$

となる．これらを，$\dot{I}_V$, $\dot{I}_W$ の対称座標表現の式に代入することにより，

$$\dot{I}_V = \dot{I}_0 + a^2\dot{I}_1 + a\dot{I}_2 = \frac{(a^2-a)\dot{Z}_0 + (a^2-1)\dot{Z}_2}{\dot{Z}_0\dot{Z}_1 + \dot{Z}_1\dot{Z}_2 + \dot{Z}_2\dot{Z}_0}\dot{E}_U$$

$$\dot{I}_W = \dot{I}_0 + a\dot{I}_1 + a^2\dot{I}_2 = \frac{(a-a^2)\dot{Z}_0 + (a-1)\dot{Z}_2}{\dot{Z}_0\dot{Z}_1 + \dot{Z}_1\dot{Z}_2 + \dot{Z}_2\dot{Z}_0}\dot{E}_U$$

となり，故障電流が得られた．対称座標系等価回路は，**解図 7.1** のようになる．

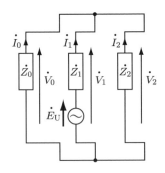

解図 7.1 対称座標系等価回路

演習問題 8

1 (1)
　需要率は最大需要電力／設備容量，不等率は最大需要電力の総和／合成最大需要電力，負荷率は平均需要電力／最大需要電力，でそれぞれ定義される．

2 　Ⅰ および Ⅱ について，設備容量と需要率とを用いれば，最大需要電力としてそれぞれ，$500 \times 0.9 = 450\,\mathrm{kW}$，$300 \times 0.8 = 240\,\mathrm{kW}$ を得る．さらに，これらと負荷率とを用いれば，平均需要電力としてそれぞれ，$450 \times 0.6 = 270\,\mathrm{kW}$，$240 \times 0.5 = 120\,\mathrm{kW}$ を得る．

A. (3)
　個々の最大需要電力と不等率とを用いれば，合成最大需要電力として，$(450+240)/1.3 = 531\,\mathrm{kW}$ となる．

B. (4)
　合成平均需要電力は，個々の平均需要電力を加えればよい．$(270+120)/531 = 0.734$

となる．

3　電源と 30 A 負荷との間には，$30 + 20 = 50$ A が流れ，線路抵抗は $0.35 \times 0.9 = 0.315\,\Omega$ である．同様に，30 A 負荷と 20 A 負荷との間には，20 A が流れ，線路抵抗は $0.35 \times 0.5 = 0.175\,\Omega$ である．よって電圧降下は，三相線路であることに注意して，$\sqrt{3} \times \{0.315 \times (30+20) + 0.175 \times 20\} = 33.3$ V となる．

4　バランサは，中性点から互いに逆方向に同じ大きさの電流（I_b とする）を流すことにより，二つの負荷の端子電圧を同じにするようはたらく．バランサを接続した状態で，60 A の負荷側の電圧線での電圧降下は，$(60 - I_\mathrm{b}) \times 0.1$ V であり，40 A の負荷側の電圧線での電圧降下は，$(40 + I_\mathrm{b}) \times 0.1$ V である．中性線では，負荷から電源への電流の流れを仮定すると，$(60 - 40 - 2I_\mathrm{b}) \times 0.2$ V の電圧降下となる（これは，60 A 負荷にとっては電圧降下となるが，40 A 負荷にとっては，電圧の上昇分となることに注意する）．

A. 上記を基に，両負荷にかかる電圧を等しいとすると，$-(60 - I_\mathrm{b}) \times 0.1 - (60 - 40 - 2I_\mathrm{b}) \times 0.2 = -(40 + I_\mathrm{b}) \times 0.1 + (60 - 40 - 2I_\mathrm{b}) \times 0.2$ となり，これを解いて，$I_\mathrm{b} = 10$ A を得る（これより，中性線の電流が 0 になることがわかる）．

B. バランサ接続前の損失は，$60^2 \times 0.1 + 20^2 \times 0.2 + 40^2 \times 0.1 = 600$ W．接続後の損失は，$50^2 \times 0.1 + 0^2 \times 0.2 + 50^2 \times 0.1 = 500$ W．よって，減少量は，$600 - 500 = 100$ W となる．

5　(3)
ネットワークプロテクタは，ネットワーク母線が充電されており，かつプロテクタが開かれている変圧器が電流を母線側に流れる条件で充電された場合，自動的に閉路する差電圧投入特性を有している．

6　電圧降下は，線路電流 I と線路抵抗 R とで，$2IR$ と表される．各区間の電圧降下を求める．

S–K: $2 \times (30 + 30 + 20 + 20) \times (0.48 \times 0.1) = 9.6$ V
K–L: $2 \times (30 + 20) \times (0.48 \times 0.02) = 0.96$ V
L–M: $2 \times 20 \times (0.48 \times 0.02) = 0.384$ V
K–N: $2 \times 20 \times (0.48 \times 0.05) = 0.96$ V

A. 最も電圧降下が大きい地点は M である．その値は，$9.6 + 0.96 + 0.384 = 10.9$ V となる．

B. 新しい電線の 1 km あたりの抵抗を R とすると，$2 \times (30 + 50 + 20 + 20) \times (R \times 0.1) + 2 \times (50 + 20) \times (0.48 \times 0.02) + 2 \times 20 \times (0.48 \times 0.02) \leq 10.9$ が満たすべき条件である．これを解いて，R の最大値 $0.38\,\Omega/\mathrm{km}$ を得る．

演習問題 9

1　9.1.2 項参照．
2　9.3 節参照．
3　電気自動車の構成要素のブロック図を**解図 9.1** に示す．燃料電池に水素と空気を供給して発電させ，その直流電力を制御装置のインバータによって可変周波数の交流に変換し，車輪に直結した同期モーターを駆動して推進する．運転者からの制御入力により，イン

バータ出力の電圧や周波数を変化させて，駆動力を制御する．リチウムイオン電池は，発進や加速など一時的に高出力を必要とする場合にモーターに追加電力を供給する．ブレーキ時にはモーターは発電機となり，その電力を電池に供給して充電を行う．制御装置は燃料電池の水素貯蔵量やリチウムイオン電池の充電量などの監視も行う．

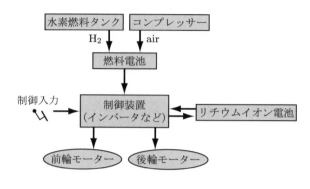

解図 9.1

さくいん

■英数字

1 回線　140
1 次エネルギー　6
1 次変電所　119
2 回線　140
2 次エネルギー　6
BTB　132
BWR　64
CT　128
CV ケーブル　141
Δ 結線　74, 121
$E \times B$ ドリフト　100
FBR　66
F クロス B ドリフト　102
GIS　126
GWP　8
IPP　168
LNG　6, 33
MCFC　94
MHD 発電　97
MOX　67, 184
NAS 電池　112
NO_X　34
n 領域　80
OF ケーブル　141
PAFC　94
PD　127
PEFC　94
p-n 接合　80
PT　127
PWR　64
p 領域　80
SF_6　8, 126
SMES　116
SOFC　94
SO_X　34
VCB　126
V 結線　171
Y 結線　74, 121

■あ 行

アインシュタイン　54
アーク　126
アークホーン　153
圧縮機　50
圧力水頭　22
圧力水路　25
油遮断器　126
油絶縁　125
暗きょ　26
安定化材　116
位置水頭　22
一機-無限大母線系統　156
インバータ　83
渦電流損　76
ウラン　6, 55
液化天然ガス　6, 33
エネルギー資源　5
エネルギー対数減衰率　61
エネルギー変換効率　92
えぼし形鉄塔　140
遠心分離法　63
エンタルピー　36
エントロピー　36
沿面放電　140
遅れ力率　128
オープンサイクル　51
温室効果ガス　8

■か 行

加圧水型炉　64
開きょ　26
がいし　139
界磁　11
改質器　95
界磁巻線　12
回転界磁型　12
回転子　11
回転変換　103

さくいん

ガイドベーン　29
海洋温度差発電　88
架空装柱　172
架空送電　138
架空地線　138, 153, 172
核燃料　55
核燃料サイクル　67
核分裂　55
核分裂生成物　55
核分裂反応　59
核融合　55, 99
可採年数　5
ガス拡散法　63
ガス遮断器　126
ガス絶縁　125
ガス絶縁管路　141
ガスタービン発電　50
化石燃料　5, 6
価電子帯　81
過渡安定度　155, 158
過熱器　42, 45, 46
カプラン水車　30
火力発電　12, 33
カルノーサイクル　39
乾式変圧器　126
慣性定数　156
ガントリ鉄塔　140
還流　125
貫流ボイラ　46
汽水ドラム　46
気水分離器　64
起電力　10
ギブスの自由エネルギー　91
逆相成分　160
逆潮流　174
キャビテーション　32
給水加熱器　45
給水ポンプ　34, 42
強制循環ボイラ　46
京都議定書　8
極対数　12
空気遮断器　126
空気予熱器　47
クエンチ　116
クレビス形　139
クローズドサイクル　51

計器用変圧器　127
計器用変成器　127
計器用変流器　127
軽水炉　64
継電器　128
契約電力　175
ケーシング　29
原子　53
原子核　53
原子番号　53
原子力発電　12, 55
原子炉　55
原子炉固有の安全性　66
原子炉容器　55
懸垂がいし　139
元素記号　53
減速材　59
高圧　171
高圧カットアウト　173
高圧配電線　172
高圧引き下げ線　172
高温超伝導　115
鋼心アルミより線　138
鋼心耐熱アルミ合金より線　138
降水管　46
高速増殖炉　66, 184
高速中性子　58
枯渇性エネルギー　5
コージェネレーション　95, 186
固体高分子形燃料電池　94
固体酸化物形燃料電池　94
固体絶縁　125
固定子　11
コロナ放電　138
コンクリート柱　140
コンバインドサイクル　51, 183

■さ 行

細管　34
サイクル　38
再生可能エネルギー　6, 79
再生サイクル　45
最大需要電力　175
最大伝送可能電力　157
再転換工場　67
再熱サイクル　45

再熱再生サイクル　45
サイリスタバルブ　132
サージ　152
サージタンク　25
三相 3 線式　120, 136, 171
三相 3 線式高圧配電線　172
三相 4 線式　120
三相交流の電力　122
三相同期発電機　12, 68
四角鉄塔　140
自己点火条件　106
自然エネルギー　79
自然循環ボイラ　46
磁束密度　11, 69
実効値　122
質量欠損　54
質量数　53
遮断器　124, 126
遮へい　56
集塵装置　49
周波数　15, 33, 69, 137
周波数変換所　132
取水口　19
出力電圧　15
受電端電圧　155
受電有効電力　155
主変圧器　125
需要家　171
需要率　175
循環ポンプ　65
蒸気乾燥器　65
蒸気発生器　65
消　弧　126
衝動水車　26
蒸発管　46
触　媒　94
触媒反応装置　48
所内変圧器　125
真空遮断器　126
進　相　128
進相キャパシタ　174
水圧管　25, 26
水撃作用　26
水　車　16, 19
水力発電　12, 18
スポットネットワーク式　172

制御棒　56
成形加工工場　67
正　孔　80
静止型無効電力発生装置　128
静止型無効電力補償装置　128
正相成分　160
整流子　11
絶縁耐力　132
絶縁皮膜電線　138
節炭器　46
設備容量　175
零相成分　160
線間電圧　122, 136
先進燃料核融合　108
線電流　122
全日効率　129
線路損失　136
線路リアクタンス　156
相差角　156
相電圧　122
送電線　119
送電損失　15, 119
送電電力　136
総落差　23
速度水頭　22
損失水頭　22
損失落差　23

■た 行
第 1 種超伝導　114
第 2 種超伝導　114
対称座標法　159
対地電圧　131
太陽光発電　79
太陽電池　80
脱硝装置　48
タップ　125
脱硫装置　48
タービン　34
ダム　19
単純トロイダル磁場　102
単相 2 線式　120, 136, 171
単相 3 線式　120, 171
断熱圧縮　40
断熱変化　39
断熱膨張　40

短絡試験　75
短絡事故　130
短絡電流　130
短絡比　72
断路器　124, 126
遅　相　128
地中送電　141
地熱発電　89
抽　気　45
柱上変圧器　173
中性子　53
中性線　121
中性点　121
中性点接地　131
長幹がいし　139
超高圧変電所　119
潮汐発電　88
調相設備　128, 148
調速機　16, 73
超伝（電）導　114, 115, 142, 190
超電導磁気エネルギー貯蔵　116
潮　流　123
直接発電　79, 91, 97
直流電動機　11
地絡事故　132
低　圧　171
低圧カットアウト　173
低圧引き上げ線　173
定格 2 次電圧　125
定格回転速度　71
定格容量　125
定格力率　125
抵抗接地方式　132
定態安定度　155, 157
鉄　心　125
鉄　損　76, 175
鉄　塔　140
テブナンの定理　165
電圧安定性　155
電圧降下率　144
電解質膜　94
転換工場　67
電気 2 重層キャパシタ　113
電気エネルギーシステム　14, 119
電機子　11
電気自動車　9, 188

電気的仕事　91
電気方式　120, 136
電　子　53
電磁誘導　10
電磁力　10
電線の水平張力　138
電灯引き込み線　173
電灯用低圧配電線　172
電力円線図　149
電力化率　9
電力需要　13
電力用キャパシタ　128
等温圧縮　40
等温変化　39
等温膨張　40
同期安定性　155
同期インピーダンス　70, 72
同期調相機　128
銅　損　76, 175
導電帯　81
動揺方程式　156
動力用低圧配電線　172
トカマク型核融合炉　107
特別高圧　171
独立系発電事業者　16, 168
閉じ込め時間　103
トーラス　102
トルク　11

■な　行

内部エネルギー　35
内部相差角　71
ナトリウム-硫黄電池　112
鉛蓄電池　111
日負荷率　176
ニッカド電池　112
ニッケル水素電池　112, 185
ニードル　27
熱中性子　58
熱力学第 1 法則　35
熱力学第 2 法則　36
燃焼器　50
年負荷率　176
燃料集合体　67
燃料電池　91
燃料電池自動車　189

燃料電池の起電力　92
燃料棒　55
濃縮工場　67
濃縮操作　63

■は　行

バイオエタノール　9, 90
バイオマス　89, 183
バイオマスエタノール　90
配電線　119
配電用変電所　119
ハイブリッドカー（車）　9, 188
バケット　27
発生と消費の同時性　14, 16
発電機　12
発電機の運動方程式　156
発電機の基本式　162
バーナー　46
波力発電　88
反動水車　26
バンドギャップ　80
光ファイバ複合架空地線　139
ヒステリシス損　76
ヒステリシス特性　125
皮相電力　125
比速度　30, 32
被毒　95
ヒートポンプ　187
百分率インピーダンス　130
百分率同期インピーダンス　72
避雷器　153
ピンがいし　140
フィードバック機構　73
風力発電　85
フェランチ効果　145
負荷曲線　176
負荷時タップ切換　125
負荷平準化　109
負荷率　176
復水器　34, 48
沸騰水型炉　63
不等率　175
フライホイール　113
ブラシ　11
フランシス水車　26, 29
プルサーマル　66, 184

プルトニウム　65
ブレイトンサイクル　51
フレミングの左手の法則　10
フレミングの右手の法則　10
プロペラ水車　26, 30
分散（型）電源　174, 185
分路リアクトル　128
平均需要電力　176
平　衡　154
ヘッドタンク　26
ペルトン水車　26, 27
ベルヌーイの定理　22
ペレット　63
変圧器　15, 125
変換所　132
変電所　123
ボイラ　34
方形鉄塔　140
放射状式　172
放射性　56
放水路　19
飽和蒸気　42
母　線　124
ホール　80
ボールソケット形　139

■ま　行

マイスナー効果　114
巻線抵抗　69, 75
マグレブ　190
水資源　18
無圧水路　26
無限大母線　156
無効電力　123, 147, 150
無負荷試験　75
木　柱　140
モジュール　83
門形鉄塔　140

■や　行

有効電力　123, 147, 150
有効落差　23
誘導起電力　12
陽　子　53
揚水発電所　25, 181
溶融炭酸塩形燃料電池　94

■ら 行

ラインポストがいし　140
ランキンサイクル　42
ランナ　27
ランナベーン　29
力率　122
リチウムイオン電池　112, 185, 188
流況曲線　19
流量　18

臨界磁場　114
リン酸形燃料電池　94
ループ式　172
レギュラーネットワーク式　172
レーザー核融合　107
連続の式　20, 85
六フッ化硫黄　8, 126
ローソン条件　106
ローレンツ力　97

編著者略歴

八坂　保能（やさか・やすよし）
　編者・執筆担当：1～5章，6～8章（共同），9章
　1972年　京都大学工学部電気工学第二学科卒業
　1974年　京都大学大学院工学研究科電気工学専攻修士課程修了
　1984年　工学博士（京都大学）
　現　在　神戸大学名誉教授

著者略歴

竹野　裕正（たけの・ひろまさ）
　執筆担当：6～8章（共同）
　1985年　京都大学工学部電子工学科卒業
　1987年　京都大学大学院工学研究科電子工学専攻修士課程修了
　1996年　博士（工学）（京都大学）
　現　在　神戸大学大学院工学研究科電気電子工学専攻教授

米森　秀登（よねもり・ひでと）
　執筆担当：7章（共同）
　1983年　大阪工業大学II部電子工学科卒業
　1997年　博士（工学）（神戸大学）
　現　在　神戸大学大学院工学研究科電気電子工学専攻助教

編集担当　藤原祐介（森北出版）
編集責任　石田昇司（森北出版）
組　　版　プレイン
印　　刷　創栄図書印刷
製　　本　同

電気エネルギー工学（新装版）　　　　　　　　　Ⓒ 八坂保能　2017

2008年5月　9日　第1版第1刷発行　　【本書の無断転載を禁ず】
2015年3月10日　第1版第4刷発行
2017年4月　3日　新装版第1刷発行
2022年8月　8日　新装版第4刷発行

著　　者　八坂保能
発行者　森北博巳
発行所　森北出版株式会社

　　　東京都千代田区富士見1-4-11（〒102-0071）
　　　電話 03-3265-8341 ／ FAX 03-3264-8709
　　　https://www.morikita.co.jp/
　　　日本書籍出版協会・自然科学書協会　会員
　　　JCOPY＜(一社)出版者著作権管理機構　委託出版物＞

落丁・乱丁本はお取替えいたします．
Printed in Japan ／ ISBN978-4-627-74292-5